공간디자인의 미학

기초디자인 편

공간디자인의 미학

기초디자인 편

1판 1쇄 인쇄 2018년 5월 25일
1판 1쇄 발행 2018년 5월 31일

지은이 | 배현미
발행인 | 김병계
발행처 | 도서출판 보문당
등 록 | 1990년 6월 15일(제 1-1066호)
주 소 | 서울시 마포구 토정로15길 32(신수동)
전 화 | 704-7025 / 704-0635 / 팩 스 | 704-2324
홈페이지 | http://www.bomoondang.co.kr
전자우편 | bmdpub@naver.com

값 18,000원

ISBN : 978-89-8413-222-1(93610)

이 도서의 국립중앙도서관 출판예정도서목록(CIP)은 서지정보유통지원시스템 홈페이지(http://seoji.nl.go.kr)와 국가자료공동목록시스템(http://www.nl.go.kr/kolisnet)에서 이용하실 수 있습니다.(CIP제어번호: CIP2018016870)

본 저서는 2017학년도 목포대학교 연구비 지원에 의해 수행되었음

Aesthetics of Space Design
BASIC DESIGN

배현미 지음

普文堂

서문

디자인에 대해 다루는 전문분야는 매우 많다. 특히 최근에는 디자인에 대한 중요성이 부각되면서 사람들의 관심은 더 높아지고 있는 것 같다. 그래서인지 디자인이나 미학 등에 대해 소개하는 전문서적은 물론이거니와 일반 교양서에 이르기까지 국내외에서 출판된 책들이 넘쳐나고 있음은 의심할 여지가 없다.

훌륭한 연구자들이 저술한 디자인에 대한 서적들이 이미 충분하긴 하지만, 그럼에도 불구하고 필자가 해박한 지식으로 『**공간디자인의 미학**』이라는 이 책을 쓰게 된 이유는, 그 내용들을 실제로 공간디자인에 적용하기에는 다소간의 한계가 있다는 현실적인 문제를 깨달았기 때문이다.

대학에서 오랜 기간 강의를 하면서 경험했던 현실은, 디자이너를 꿈꾸는 젊은 학도들이 우리들의 생활공간에 관련된 디자인과 미학이론에 대한 원론적인 이해와 학습을 하는 데는 부족함이 없었다는 사실이다. 구성요소, 원리, 공간이나 디자인에 대한 다양한 기초 이론들 말이다. 게다가 강의를 마치고 시행하는 최종테스트에서도 그들은 그동안 습득하고 기억해 두었던 수많은 이론들을 거침없이 답안지에 써주어서, 평가를 하는 필자의 입장에서는 흐뭇한 미소가 지어졌었다.

'아주 잘 이해하고 습득했네' 그리고 조금은 교만한 마음으로 '내가 잘 가르쳤나 보네'하고 말이다.

그런데 막상 그 기초이론들을 활용해야 하는 디자인 수업에 들어가게 되면 지금까지 열심히 배우고 기억했던 내용들과 실제작업은 별개의 과정이 되어 버린다는 사실에 놀라움을 금할 수 없었다. 마치 교과목의 제목이 다른 것처럼…….

이처럼 이론적인 부분과 실제 적용과는 많은 괴리가 나타나고 있었으며 이 두 과정을 관련지어 생각하는 능력은 디자인에 대한 실무 경험이 없는 학생들에게는 불가능한 일일지도 모르겠다는 아니 너무도 당연하다는 생각이 든 것은 매우 부끄러운 일이나 20여년이 지난 최근에 들어서이다.

과거를 떠올려보면 필자 역시 학창시절에 기초이론을 알려주고 바로 계획이나 디자인 과정에서 그것들을 적용하지 못하면 호되게 야단을 치시던 교수님들이 원망스러웠던 기억이 있다. 그런데 필자도 어느 틈엔가 그 때의 기억을 다 잊고 대학에서 같은 행동을 하고 있다는 점이 스스로 놀랍고 부끄러웠다. 이 책은 교육의 현장에서 깨닫게 된 현실적인 디자인 교육방법 개선의 필요성과 반성에서 시작된 작업이다.

그래서 이 책에서는 각 장별로 기초적인 이론에 대한 소개와 더불어 실제 우리생활 주변에서 찾아볼 수 있는 사례를 반복적으로, 또 비교검토가 가능하도록 다양한 사례사진을 소개했다.

정보가 넘쳐나고 있는 이 시대에 사례 소개는 큰 의미 없는 작업이라 생각할 지도 모르겠다. 그러나 처음 공간을 디자인하고 미학에 대해 배우는 관련분야의 학생들에게 이론과 실제를 연결지어주는 작업 그리고 관련사례에서 어떤 부분을 주의 깊게 보아야 하는 것인가, 또 디자인에 어떻게 적용해야 하는가를 구체적으로 확인하는 작업은 이 책을 통해서 가능할 것이라 확신한다.

앞에서도 언급하였으나 기초 이론들이 실제 공간디자인 작업과정에서는 어디에, 어떻게, 어떤 방법으로 적용되어 있으며 또 어떤 것들을 취사선택하여 활용해야 하는 것인가가 학생들의 눈에는 잘 보이지 않기 때문이다. 물론 미학에 대한 탁월한 식견이 있거나 공간디자인에 관한 풍부한 경험이 있는 사람들에게는 너무도 잘 인식되는 것이며 또

당연히 보여야 하는 부분이긴 하겠으나, 생각해보면 그들 역시 과거 초보자였던 시기에는 깨닫지 못했을 것이다.

그런 까닭에 조금은 번거로운 작업일 수도 있겠으나, 보다 쉽게, 보다 친절하고 상세한 설명이 담겨진 지침서가 디자이너를 키워내기 위해서는 필요하다는 생각이다.

다만 이 책에 소개되어 있는 사례들은 필자가 해외 견학을 통해 수집한 자료가 대부분이며, 아쉽게도 국내의 사례소개는 극히 일부에 불과하다. 그러므로 각각의 이론에 부합하는 국내 적용사례들은 이 책으로 공부하는 학생들 스스로가 일상 속에서 찾아보고 본인들만의 자료를 추가하여 필자의 부족함을 채워준다면 더 없이 고마울 것 같다.

『**공간디자인의 미학**』은 크게 「**기초디자인 편**」과 「**공간디자인 편**」의 두 권으로 구성되어 있다.

「**기초디자인 편**」에서는 공간디자인을 공부하는 사람들에게 예술철학이라 일컬어지는 미학에 대한 이해부터 시작하여 디자인의 구성요소, 원리, 색채, 스케일 등의 기초이론과 실제사례를 함께 소개하여 디자인 적용방법에 대한 이해와 활용 수법을 습득할 수 있도록 하였다. 따라서 일반적인 디자인에 대한 관심과 이제 막 공부를 시작하는 다양한 디자인 분야의 사람들 모두에게 기초서로서 도움이 될 것이라 생각한다.

응용디자인에 해당하는 「**공간디자인 편**」에서는 디자인의 기초이론을 습득한 후에 이를 근거로 공간을 계획하고 디자인하는 실제적인 방법을 다루었다. 따라서 사람들이 생활하는 공간을 디자인하는 해당 전문분야의 디자이너에게 도움이 될 것이라 생각한다.

공간디자인에서 가장 중요한 영역을 차지하는 시각과 공간디자인 그리고 공간의 형성 및 공간디자인에 대해 기초지식과 활용사례 소개를 통해 구체적인 적용범위와 활용기법에 대한 그림과 사진을 곁들여 설명했다. 특히 마지막 장인 공간디자인에서는 공간을 나누고 수평, 수직요소를 이용하여 다양한 공간이미지를 만들어내는 방법을 초보자도 쉽게 이해할 수 있도록 소개했다. 아름다운 공간을 디자인하는 기본원칙과 활용수법에 대해 관심을 가지고 있는 사람들에게 조금이나마 도움이 되었으면 한다.

아울러 독자들에게 읽기 쉬운 책, 디자인에 대한 이해에 도움이 되는 책, 갖고 싶은 책, 그리고 이 책을 읽은 후에 우리 주변에서 디자인의 적용원리나 구성요소 그리고 디자인 수법들이 하나둘씩 눈에 보이기 시작하는 계기가 되는 그런 책이 되었으면 하는 희망도 가져본다.

마지막으로 그림과 사진이 많아 까다로운 편집 작업을 묵묵히 진행해주고 출판해주신 도서출판 보문당 김병계 사장님과 김태우 실장님 그리고 디자이너 신인아님에게도 감사드린다. 특히 내용편집과 검토 작업을 세심하게 진행하고, 이곳 목포까지 내려와 머리를 맞대고 표지디자인까지 함께 고민해주신 김태우 실장님께는 각별한 고마움을 전하고 싶다. 아울러 원고정리 작업에 도움을 준 목포대학교 조경학과 박삼민, 박준호, 최승 군에게 고마움을 전한다.

2018년 4월

목포에서 저자 배현미

목 차

공간디자인의 미학 기초디자인 편

I 장. 미학과 디자인

II 장. 디자인의 요소

Ⅲ장. 디자인의 원리

Ⅳ장. 색채와 디자인

Ⅴ장. 척도와 공간디자인

공간디자인 편

VI장. 시각과 공간디자인

1. 인간의 시각
2. 시지각 특성과 공간디자인
3. 대상과 관계디자인
4. 시점과 대상의 관계

VII장. 공간의 형성

1. 공간의 개념과 형성
2. 공간의 유형과 역할

VIII장. 공간디자인

1. 공간 나누기
2. 수직 벽의 높이와 공간의 관계
3. 공간의 개방감과 폐쇄감
4. 공간디자인

I

미학과 디자인

1. 미학

미학(美學, Aesthetics)이란 미와 예술을 그 대상영역으로 삼고 있는 학문이다.[1] 즉 미학은 아름다움을 대상으로 삼는 학문으로, 자연이나 인생 및 예술 등에 담긴 미의 본질과 구조를 해명하는 분야이기도 하다.

보다 간단하게 설명하면, 미학이란 자연과 예술에서 나타나는 미를 연구하는 학문이며, 철학의 한 부류로 취급한다. 이러한 의미에서 볼 때 미학에서는 우리들이 가지고 있는 미의 기준이나 미에 대한 생각들을 좀 더 객관적인 기준이나 법칙을 가지고 이론적인 고찰을 해보고자 하는 것, 또는 완성도가 높은 아름다움이 무엇인가를 판단하고 규정하는 일 등을 추구한다.

그렇다면 사람들은 언제부터 미에 대해 생각하게 되었으며, 또 미학이란 학문은 왜 생겨나게 되었을까 에 대해 살펴보기로 하자.

누구나 추측할 수 있는 사실이나 인류가 탄생하고 생활하기 시작했던 시대에는 미에 대한 생각과 판단은 그다지 크지 않았을 것이다. 무엇보다도 실용적인 목적에 우선하여 무언가를 만들었고 그것들을 사용해왔을 것이다. 그러나 점차 시간이 흐르면서 미에 대한 욕구와 관심이 생겨났을 것이라 예상된다. 물론 당초에는 기능이 중요했을 것이었으나 그렇다 하더라도 그것들을 아름답게 창조해내고자 하는 인간의 욕망은 존재했으리라 생각된다. 미를 추구한다는 것은 모든 인간들이 갖는 원초적인 욕구이기 때문이다.

미나 예술에 대한 생각들이 어느 정도 정립되기 시작한 것은 고대 서양에서 그 기원을 찾을 수 있으며, 기원전 4세기경이다. 그리스의 플라톤(Platon, BC 427 ~ 347)과 소크라테스(Socrates, BC 470 ~ 399), 아리스토텔레스(Aristoteles, BC 384 ~ 322)는 미를 학문으로 체계화하는데 초석이 되었던 철학가들이다.

그런데 당시 그리스인들이 가지고 있는 미의 개념은 지금 우리들이 갖고 있는 미의 개념과는 달리 매우 폭넓은 의미를 갖고 있었다. 그들에게 있어 아름다움이란 사물의 형태, 색채 등의 조형적인 미(美) 뿐 아니라 아름다운 사고와 행동까지도 포함된 포괄적인 것이어야 한다는 개념을 보유하고 있었다.

따라서 당시에는 선미일치(善美一致)란 의미가 담긴 칼로카가티아(kalokagathia)란 개념이 주창되었다. 칼로카가티아란 아름다움(Kalos, 美)과 진실함(Kagathia, 善)이 결합된 개념으로, 최상의 아름다움이란 육체의 아름다움은 물론이거니와 더불어 영혼의 아름다움까지도 내포되어야 한다는 뜻이다. 즉 아름다움이란 '외면의 미'와 '내면의 미' 모두가 중요하다고 여겨졌다. 그리고 이러한 개념은 고대 그리스인들의 교육이념으로도 이어지게 된다. 그래서 육체적 아름다움에 윤리적 경건함, 즉 진실하다는 것과 선하다는 것 모두가 결합된 상태가 진정한 의미의 미라고 믿었다.

플라톤은 지(知)와 미(美)를 사랑하는 것을 통해 세상 최고의 진리인 이데아(Idea)에 도달할 수 있다고 했으며, 소크라테스는 미와 선을 같은 개념으로 묶어 인생의 목적은 선(善)과 미에 의미를 두는 것이라 했다.

이와 같이 고대인들의 미에 대한 의식은 진실하다는 것, 선하다는 것, 그리고 아름답다는 것의 3가지 모두가 소중하며 가치가 있는 것이라 믿고 이를 구현하는 것 혹은 도달하고자 노력하는 것이 진정한 미라 생각해왔던 것 같다.

그리고 그들이 가치를 두었던 진·선·미에 대한 개념을 현대적 개념의 학문분야와 연관지어 보면, 진실(Truth, 眞)에 대하여 배우는 것이 철학, 논리학 등이고, 선(Good, 善)에 대해 배우는 것이 윤리학이며, 아름다움(Beauty, 美)에 대해 배우는 학문이 미학이 될 것이다.

그렇다면 이번에는 아름다움을 대상으로 삼는 미학이라는 학문이 생겨나게 된 것은 언제부터이며, 또 미에 대한 개념이 과거와는 어떻게 달라졌을까 살펴보기로 하자.

하나의 학문으로서 미학(Asthetik, Aesthetica)이라는 명칭이 사용되기 시작한 것은 18세기 중엽 독일의 철학자 알렉산더 고틀리프 바움가르텐(Alexander Gottlieb Baumgarten)에 의해서이다. 바움가르텐은 이성적 인식의 학문인 논리학과 대비되는 감성적 인식의 학문이 필요하다고 보고 에스테티카(Aesthetica)라는 용어를 사용했다. 본래 에스테티카(Aesthetica)는 감각, 감정, 감성, 느낌 혹은 감성적 지각을 의미하는 그리스어인 아이스테시스(Aisthesis)에서 유래한 것이다. 어원 그대로 해석한다면 그가 사용한 미학의 개념은 지각, 감각, 감정과 관련된 학문이라는 의미가 된다.

바움가르텐은 미학을 감성적 인식의 학문(Scientia cognitionis sensitivae)이라 정하고, 감성적 인식이 완전하게 이루어진 것을 미(Beauty, 美)라 규정했다. 즉 감성적 인식의 학문이란 동시에 미의 학문이 되는 것이라 주장했다. 이처럼 바움가르텐의 Aesthetica란 실제로는 넓은 범주의 미를 연구하는 것이었다는 점에서, 오늘날 이 용어가 미에 관한 학문을 가리키는 미학이란 용어로 사용되게 된다.

그러나 그 후에도 미학이란 용어를 두고 수많은 철학적 논쟁이 이루어졌다. 흔히들 미학이란 철학의 하위분야로 예술철학이라 정의하기도 한다. 그 이유는 미학이 단순히 미에 대한 학문적 영역이기보다는, 인간들이 그들의 삶을 반영하고 실천을 통해 만들어낸 예술 속에 나타난 모든 미적가치 전 영역을 탐구하는 학문이라는 생각 때문이다.

그런데 이제부터 우리들이 다루고 습득해야 하는 미학은 조경, 건축, 환경 등 인간이 생활하는 공간을 다루는 다양한 전문분야에서 요구되는 아름다움에 대한 이해와 응용에 관한 것이어야만 한다.

여기서 다루고자 하는 미학은 예술철학이라 평가되는 전통적 순수미학에 근간을 두지만, 보다 문제중심적인 접근과 미를 찾아내어 적용하고 구현해가는 실제적인 방안에 관한 것이다. 그리고 그것을 추구하는 응용미학의 한 분야가 바로 조경미학, 건축미학, 환경미학이 될 것이다.

미학이란 미와 예술을 대상영역으로 삼는 학문이라 했다. 그렇다면 이번에는 미와 예술에 대해 살펴보기로 하자.

2. 미·예술·디자인이란 무엇인가

미(Beauty, 美)란, 눈 따위의 감각기관을 통해서 얻어지는 가치로, 인간에게 좋은 느낌을 주는 아름다움 혹은 온갖 사물을 통해 우리에게 즐거운 감정을 주는 아름다움을 총칭한다.

예술(Art, 藝術)이란, 아름다움을 표현하고 창조하는 일에 목적을 두고 작품을 제작하는 모든 인간 활동과 그 산물을 통틀어 이르는 말이다. 회화·조각·영화제작·무용 등 여러 가지 미적 표현양식들을 개별적으로 예술이라 말하기도 하며, 또 이 모든 것을 통틀어서 예술이라 부르기도 한다. 즉 순수하게 미적표현을 목적으로 하는 미적조형 일체를 의미한다.

그런데 원래 예술이란 단어는 기술과 같은 의미를 지닌 어휘로, 어떤 물건을 제작하는 기술능력을 뜻하는 것이다. 서양에서 말하는 예술(Art)의 어원은 기술이란 의미의 고대 그리스어 테크네(Techne)와 라틴어 아르스(Ars)에서 기원된 것이다. 즉 Art는 원래 기술·기능을 의미하는 것이었다.

동양에서도 예술(藝術)의 한자 뜻을 보면 서양과 같은 의미를 갖고 있다는 사실을 확인할 수 있다. 예(藝)는 심는다(나무 樹와 종자 種) 또는 기예(기술, 기능)의 뜻을 갖는다. 여기서 기예란 재주를 심는다는 의미로, 고대 동양에서는 사대부가 인격도야를 위해 필수적으로 갖추어야 하는 덕목이자 필수 조건이기도 했다. 즉 예(藝)에는 기능과 기술을 키운다는 의미가 담겨있다. 그리고 술(術)은 꾀 술, 수단, 방법, 통로, 길의 의미로 어떤 과제를 능숙하게 해결할 수 있는 재주나 실행방도를 의미한다. 즉 예술은 기술을 심어 키우거나 기교나 재주를 표현 실행한다는 의미가 된다고 하겠다. 결국 지금 우리들이 이해하고 있는 예술의 의미와 일맥상통하는 것이라 하겠다.

디자인(Design)이란, 실용성이 있으면서 아름다운 모습을 갖추도록 의상이나 제품, 작품, 건축물, 공간 등을 설계하거나 도안하는 일을 뜻한다. 보다 구체적으로 디자인을 정의하면, 디자인이란 인간들이 생활에 필요한 여러 가지 제품, 기술 등을 목적에 따라 실용적, 미적 조형을 계획하여 이것을 가시적으로 표시하는 것이다.

또한 디자인은 조형예술이며 시각예술이기도 하지만 반드시 실용성이 포함되어야하기 때문에 순수미술이나 예술과는 구별된다. 즉 디자인이란 실용목적을 갖는 미적 조형이라 정의내릴 수 있다.

실용목적 즉 기능과 아름다움 모두를 만족하는 디자인을 창조해내기 위해서는 기능성, 심미성, 독창성, 경제성의 조건이 갖추어져야 한다. 따라서 디자인 작업 시에는 다음의 4가지 조건 모두가 만족되어야 함은 물론이거니와, 각각의 조건들이 균형있게 상호 조절될 때 비로소 바람직한 디자인으로 완성될 수 있다.

① 기능성 : 용도와 목적에 적합, 즉 합목적성이 갖추어져야 한다.
② 심미성 : 형태나 색채 등이 아름다워야 한다.
③ 독창성 : 디자인은 새롭게 창조되는 것이므로 독창적이어야 한다.
④ 경제성 : 비용과 효용측면에서 경제성이 있어야 한다. 또한 관리측면에 대한 고려도 필수적이다.

최근에는 환경에 대한 검토도 매우 주요한 요건이 되고 있다. 친환경적이고 지속가능한 디자인에 대한 추구 및 검토이다. 즉 기능적 및 미적측면에서 인간과 환경 모두에게 배려된 디자인인가를 점검해보는 과정이다. 사용된 소재가 재활용이 가능한 것인지, 주변 환경이나 경관과의 조화와 배려가 이루어진 것인가에 대한 검토도 바람직한 디자인에 도달하기 위한 필수항목이 되고 있다.

3. 아름다움에 대한 의식

무엇이 아름답고 어떤 것이 아름답지 않은가를 판단하는 능력을 미의식(Aesthetic Consciousness, 美意識)이라 한다. 즉 미의식이란 아름다움에 대해 느끼고 이해하고 판단하는 인식작용이다.

미의식이라는 용어의 의미는 학문분야마다 조금씩 다른 것 같다. 심리학에서는 미적 태도에 있어서의 의식과정을 의미하며, 철학에서는 미적 가치에 관한 직접적 체험을 뜻한다. 이러한 미의식은 바움가르텐에 의해 정립되기 시작한 미학분야에서 가장 중요한 문제로 다루어지는 개념이기도 하다.

미의식은 미를 바라보면서 느끼거나(향유 또는 관조), 미를 창작하는 두 가지 방식으로 나누어진다.

미적 관조란 미를 직접적으로 인식하거나 미를 느끼는 과정으로 주로 창작된 예술작품을 보고 즐기는 것을 뜻한다. 이는 주로 고대나 중세에 나타났던 미의식의 형태로, 지극히 수동적이고 수용적인 활동으로 나타났다. 이처럼 중세까지는 자연이나 예술작품을 느끼고 인식하는 미적 관조에 높은 가치를 부여하고 매우 중요하다고 평가한 반면, 예술창작에 대해서는 대수롭지 않게 생각했었다. 이러한 생각을 바탕으로 E. 칸트는 미의식을 '무관심성', '목적 없는 합목적성'이라 특징지었다.

그러나 근대 이후 미의식은 관조하는 수준에 머무르지 않고, 무언가를 창조해내는 작업을 중시하게끔 변하게 된다. 미의식은 창조의 주체가 되는 아름다움을 창조할 때 즉 자신이 직접 참여해 새롭게 만들어내는 능동적이며 생산적인 창조과정이 이루어질 때 진정한 미의식이라 인정받게 된다.

대표적인 심리학자 H. 코엔은 미의식이란 '미를 창조하는 특수한 의식'이라 보고 있어 이를 입증해준다. 미의식을 이루고 있는 요소로는 감각·표상(表象)·연합(聯合)·상상(想像)·사고(思考)·의지(意志)·감정(感情) 등을 들 수 있으며, 이들 요소들이 어떻게 결합되느냐에 따라 미의식의 표출양상이 달라진다고 한다. 물론 학자들은 각 요소들과 상호 관련성에 따라 중요도를 달리 보기도 하였다.

J. 볼게트는 사고나 의지보다 감각이나 감정의 요소가 중요하다고 보았고, 프란츠 브렌타노(Franz Brentano)는 표상을 가장 중요한 요소로 보았는가 하면 브렌타노와 입장을 같이한 S. 베타제크는 미적 감정을 표상 감정이라고 규정하기도 했다.

그런데 우리가 다루고 있는 디자인 즉 조형의 미라는 것은 인간들의 감각에 의해 조형물의 크기나 형태 그리고 색채, 질감, 명암 등을 포착하면서 판단하게 된다. 그리고 그러한 조형적인 특성들은 면이나 덩어리(Mass), 공간(Space) 등으로 인식되게 되면서 사람들의 감정에 작용하게 되는 것이다.

이때 그것을 바라보거나 체험하게 되면서 감정 즉 쾌감 또는 불쾌감을 느끼게 된다. 인간들이 느끼게 되는 쾌감은 아름다움, 불쾌감은 아름답지 못한 추함으로 평가되게 되는데 바로 이것이 미의 판단기준이 되는 것이다.

우리들은 형태와 색에 의한 조형물이 어떤 형식을 가지고 어떻게 배열되어있느냐에 따라 쾌감 또는 불쾌감을 느끼게 되며, 이러한 조형 형식상의 쾌감에 대한 여러 관계를 지각하게 되는 것이 바로 미감(美感)이다. 이러한 미의 구현방식에 대해서는 많은 철학자들에 의해 연구되고 있으며 학설도 각양각색이다.

그리스의 철학자 플라톤은 '미는 운율의 균형에서 생긴다' 했고, 19c 독일의 심리학자 페히나(G. T. Fechner, 1801-1887)는 '미는 복잡한 가운데의 질서'라 했다. 또 현대 영국의 시인이자 미술평론가인 허버트 리드(H. Read, 1893-1968)는 '미는 오관이 지각하는 형식상 여러 문제의 통일이다'라고 주장한다.

이러한 맥락에서 볼 때 미란, 지각의 형식 사이에 표현되는 '변화 속의 통일' 혹은 '복잡함 속에서의 질서'가 근원이 되는 것이라 할 수 있다. 단 조형에서의 미는 쾌감을 기조로 한다고는 하나 단순히 감각적, 관능적인 쾌감과는 달리 깊은 인격의 내부에 도달할 수 있는 깊이를 가진 것이 아니면 안 된다. 이런 의미에서 형식상의 통일, 조화 등을 인식할 때 생기는 정신적인 가치 및 개념이 포함된 만족감이 아름다움을 느끼게 하는 근간이 되는 것이라 하겠다.

4. 미의 특질과 디자인

사람들이 무언가를 아름답다고 느끼고 판단하는 근거는 쾌감과 불쾌감이라는 인간의 감정에 있다. 그리고 조형물이나 공간 등이 주는 형식상의 쾌감에 대한 관계지각이 바로 미감 즉 아름다움을 느끼는 감각이라 할 수 있다. 그런데 곰곰이 생각해보면 사람들이 느끼는 쾌감이나 미감은 대단히 주관적인 것으로, 우리 모두가 동의하고 공유할 수 있는 객관적인 기준을 찾아낸다는 것은 거의 불가능해 보인다.

그럼에도 불구하고 우리가 쾌감을 불러일으키는 원인이나 기준을 찾아보고자 하는 시도는, 대중이 주체가 되는 현대사회에서 디자이너를 꿈꾸는 우리 모두에게 반드시 필요한 노력이기도 하다. 그 해결방안을 찾아보기 위해 우선 미의 특질에 대해 살펴보자.

첫 번째, 미는 주관이 매우 크게 작용한다. 아름답다고 하는 평가는 사람마다 다를 수 있으며, 설사 우리가 오늘은 쾌감을 느꼈다 하더라도 내일은 달라질 수 있는 것이 미에 대한 판단이다. 내 아이가 치는 서툰 피아노 소리는 듣기 좋으나, 아랫집에 사는 피아니스트가 치는 피아노 소리는 불쾌감을 줄 수도 있다.

두 번째, 미는 정량적으로 판단할 수 있는 객관적 기준이나 법칙이 없다. 이는 ○○ 선발대회 등의 예에서 찾을 수 있다. 미를 평가하는 절대적인 기준이 정해져 있다면 모든 선발은 컴퓨터 채점을 통해 간단히 해결될 수 있을 것이다. 그러나 정량화가 불가능하기에 매번 많은 심사위원들이 현장에 모여 평가를 하고 이를 통해 대상을 선발하는 이유이기도 하다.

세 번째는 미에는 기존관념이나 사회적 규범 등 개념이나 의미가 존재한다는 점이다. 미가 쾌라는 감정이므로 느낀다는 관점에서 보면 역사나 문화 그리고 교육이나 경험 등에서 발생하는 공감이라는 감정의 차이가 존재할 수밖에 없다. 이러한 특질은 지역이나 인종 그리고 시대흐름에 따라 미의 평가기준이 끊임없이 바뀌어가고 있다는 사실에서 확인할 수 있을 것이다.

마지막으로 미는 합리성이나 실체가 없더라도 형식만 갖추고 있으면 성립된다는 특성이 있다. 우리들이 실제 그곳에 가거나 경험하지 않더라도 사진이나 그림 그리고 영화 속에 나오는 풍경이나 의도된 형식 등을 보면서 아름다움이나 감동을 느끼게 되는 것이 바로 미가 갖는 이러한 특질 때문이다.

그러나 그럼에도 불구하고 우리가 미에 대한 구성, 원칙, 인식, 평가 등에 관한 객관적 기준을 찾고자 하는 시도는 사람들의 생활환경이나 사회적 변화에서 초래된 것으로 미를 추구하는 객관적 디자인에

그림 1. 자급자족 시대의 미에 대한 평가기준과 디자인[2)]

대한 요구가 생겨났기 때문이라 하겠다.

그림 1과 그림 2는 디자인 과정에서 미의 평가기준의 변화를 나타낸 것이다.[2)]

과거 자급자족의 시대에 행해졌던 사물에 대한 요구와 미에 대한 판단은 지극히 주관적으로 이루어져 왔다. 그림 1에 나타난 바와 같이 사용하는 사람 스스로가 디자인을 선택하고 그것이 마음에 들어 쾌감을 느낄 수 있으면 그것으로 충분했다. 즉 아름답다고 느낄 수 있는 디자인의 기준은 개인취향에 따른 것으로 객관성은 필요치 않았다. 당시에는 디자이너와 그것을 선택하고 이용하는 사람이 동일했으므로 미의 기준을 공유할 필요가 없었던 것이다.

그런데 시간이 흐르면서 자급자족이 아닌 물물교환과 대량생산, 분업 등이 이루어지는 사회가 탄생하게 된다. 즉 디자인을 하는 사람과 그것을 만들어내는 사람 그리고 그것이 아름답다고 판단하고 선택하는 사람, 이용하면서 쾌감을 느끼는 사람 등이 서로 달라졌다는 의

그림 2. 산업화 시대의 미에 대한 평가기준과 디자인[2)]

미이다. 여기서 대다수의 사람들이 아름답다고 느끼는 즉 쾌감을 공유해야할 필요성을 느끼게 되었다. 그 결과 다수의 사람들이 동의할 수 있는 객관적인 아름다움에 대한 기준을 찾고자 하는 시도는 디자인 분야에서 필수불가결한 작업이 되어버리게 된 것 같다.

우리는 일상 속에서 미에 대한 판단과 선택을 늘 시행하고 있다. 아침에 일어나 옷을 입고 가방을 메고 신발을 신는 행위에서도 마음에 드는 또는 아름다움을 추구하기 위한 판단과 선택은 계속 이루어지고 있다. 비록 그것이 무의식적으로 이루어지는 것이라 하더라도 말이다.

이렇게 미에 대한 판단과 평가능력은 누구나 갖고 있다. 물론 각자의 판단력, 취미, 선호에 따라 그 기준이 달라지는 지극히 개인적이며 주관적인 판단이므로, 근본적으로 미적평가를 객관적으로 한다는 것은 무리가 있는 것인지도 모르겠다.

그런데 공간디자이너는 미에 대한 객관적 기준과 판단을 해야만 하는 사람이다. 그런 까닭에 디자이너 스스로는 '나는 무엇을 아름답다고 느끼는가'에 의문을 가질 것이 아니라 '사람들은 무엇을 아름답다고 느끼는가'에 대해 고민해야만 한다.

미에 대한 사람들의 가치판단 기준을 살펴보는 일은 쉬운 일이 아니다. 그러므로 우선 미적가치에 영향을 미치고 있는 요소가 무엇인지를 찾아내는 작업부터 시작해 보기로 하자.

편리하고 유용한 공간, 쾌적한 환경, 아름다운 조형을 만들어내기 위해서는 종합적인 전체의 이미지, 즉 미에 대한 판단 및 평가의 근거를 파악해 두어야 한다. 이를 위해서는 공간, 환경, 조형 등을 구성하고 있는 디자인 요소들을 추출하고 그것들에게 적용되고 있는 디자인 원칙을 파악하는 작업이 선행되어야 할 것이다.

아울러 공간이나 조형 등을 느끼고 판단하는 인간의 시각 및 인지 특성에 대한 기초지식에 관해서도 공간디자인의 관점에서 다루어보기로 하자. 이와 같은 단계적 과정을 거친다면 미에 대한 객관적이고 과학적인 구성 원리 등을 적용한 공간디자인이 가능할 것이라 확신한다.

1) http://encykorea.aks.ac.kr: 한국민족문화 대백과사전 참조
2) 장태현(1998), 조경제도 · 표현 Ⅰ, 도서출판 조경, p.10에서 인용 후 재작성

II

디자인의 요소

좋은 디자인(Good design)을 하려면 어떻게 해야 하는가에 대해 생각해보자. 우리들이 지금 일상생활 속에서 만나고 이용하게 되는 조형, 즉 구조물, 공간, 환경 속에서 접하게 되는 다양한 디자인들을 머릿속으로 떠올려보자. 먼저 평가대상이 되는 디자인은 여러 가지 요소들의 조합 및 상호관계 등에 의해 이루어지고 있는 통합적인 조형이라는 것을 알 수 있을 것이다.

그런데 그 조형들의 디자인을 보고 우리가 쾌감을 느끼게 되면 아름답다고 하며, 반대로 불쾌감이 느껴지면 아름답지 못하다고 평가내리게 된다. 따라서 그것이 왜 아름답다고 느껴지는가 그 이유를 알아낼 수 있다면 좋은 디자인의 해법은 쉽게 찾을 수 있을 것이란 확신이 든다. 문제는 우리가 디자인을 구성하고 있는 모든 요소를 한 번에 보고 아름다움의 원인을 파악하는 것은 매우 어렵다는 점에 있다. 아니 거의 불가능한 일일지도 모르겠다. 하지만 그 구성요소들을 하나하나 분리하여 디자인에서의 역할과 관계 등을 살펴본다면 아름다움에 대한 평가의 해법을 찾는 것이 가능할 것이다.

그러므로 본 장에서는 쾌감을 주는 좋은 디자인(Good design)의 기준을 찾기 위한 첫 단계의 시도로, 디자인을 이루고 있는 각각의 구성요소에 대해 자세히 살펴보기로 하자.

디자인 요소는 크게 개념요소, 시각요소 그리고 상관요소로 나누어진다.

개념요소란 디자인에서 형태를 만들어내는 구성요소 즉 점, 선, 면, 형태와 같은 요소를 의미한다.

시각요소란 우리들이 실제로 눈으로 보고 인식하는 디자인의 구성요소를 뜻한다. 대상의 크기, 형태, 색채, 질감 등이 대표적인 시각요소이다.

그리고 디자인에서 각각의 요소들은 독립적으로 작용하는 것이 아니라 상호 유기적 관계를 갖으며 서로 영향을 미치게 되는데 이를 상관요소라 한다. 우리가 직접 확인할 수 있는 상관요소로는 방향감과 위치감이 있으며, 단지 느낌만 있는 상관요소로는 공간감과 중량감 등을 들 수 있다.

본 장에서는 형태를 만들어내는 형식적 요소인 개념요소를 중심으로 각 요소들의 성격과 특징 그리고 공간디자인에서의 활용사례를 살펴보기로 한다.

개념요소란 디자인에서 형태를 만들어내는 구성요소를 의미하며, 기본요소로는 점, 선, 면, 입체가 있다.

점은 형태의 최소단위로 기하학에서 점(Point)은 크기는 없고 위치만 있는 0차원으로 정의된다. 선(Line)은 점이 이동한 궤적으로 길이만 있는 1차원이다. 그리고 면(Plane)은 선이 이동해가면서 만들어낸 것으로 넓이가 있는 경계선에 의해 만들어지는 2차원 평면이다.

형태(Form)는 면이 다양한 방향으로 움직여 깊이를 가지게 된 입체나 면들에 의해 둘러싸인 3차원 입체형태를 뜻한다.

그림 1. 디자인의 요소 : 점 · 선 · 면 · 입체

점　선　면　입체 · 형태

이와 같은 기본요소 각각에 대한 이해와 활용능력은 디자인 작업에서 가장 기초적인 과정인 동시에 필수적으로 갖추어 두어야 할 디자이너의 덕목이다. 따라서 디자인 요소 각각의 개념과 역할 그리고 사용 의미 등에 대해 살펴보기로 하자.

1. 점(Point)

점은 형태를 구성하는 조형요소 중 최소의 단위로 가장 기본적이고 단순한 디자인 요소이다.

기하학에서 점이란 크기(면적)는 없고 위치만 있는 것이다. 그러나 시각적으로는 크기와 형태가 명확히 존재하고 있는 것이 점이다. 따라서 디자인을 행하는 과정에서 점의 크기와 형태는 매우 중요한 의미를 갖는다.

그림 2. 크기가 있는 점

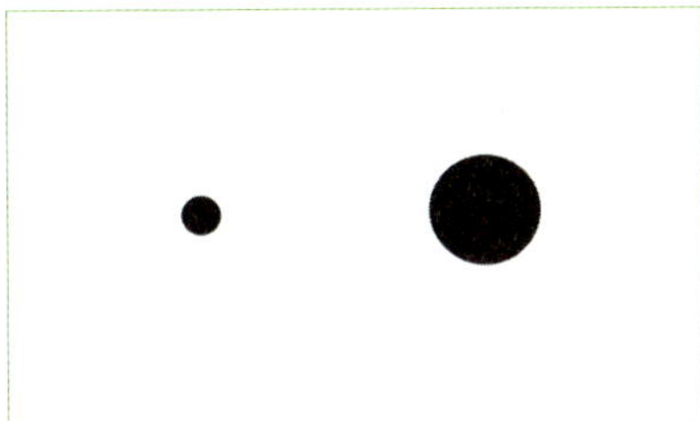

그림 3. 형태가 있는 점

또한 점은 주변 환경 및 구성요소와의 관계에 따라 면으로 작용하기도 한다. 그렇다면 디자인에서 점과 면의 한계는 어디까지일까 생각해보자.

점과 면을 구분하는 절대적인 기준비율은 없으나, 일반적으로 점과 점이 존재하는 주변 환경(제한된 공간)과의 면적 비율로 결정되는 성향이 강하다. 개략 주어진 면의 전체면적에서 점이 차지하는 면적이 1/5 이하이면 점으로 보인다.

그런데 그림 4에 제시된 바와 같이, 점의 크기가 점차 커져 전체면적의 1/4을 넘게 되면 점이 아니라 면으로 인식되기 시작된다. 물론 여기서 제시하고 있는 기준이 절대적인 것이라 할 수는 없으나, 공간디자인에서 각 구성요소들의 역할 및 의미부여에 참고가 되는 유용한 수치이다.

그림 4. 정해진 공간에서 점이 차지하는 면적비율에 따라, 점으로 보이기도 하고 면으로 보이기도 한다

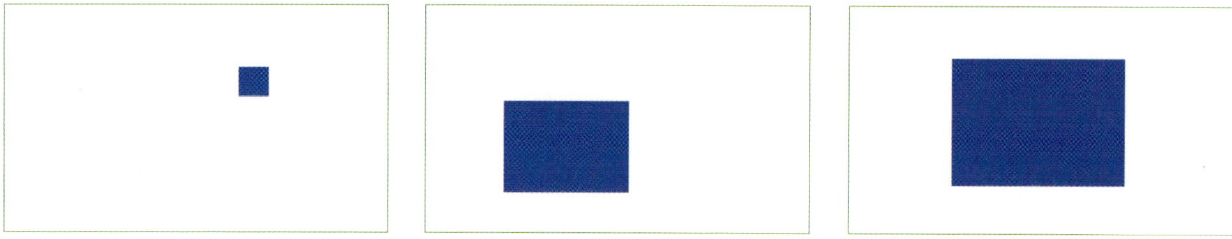

점의 면적이 1/5 이하인 경우

점의 면적이 1/4 이상인 경우

디자인 요소로서 점의 역할은, 공간을 강조하고 시선을 집중시키는 포인트 역할을 하며 긴장감을 주는 효과 등이다. 아울러 점의 개수와 위치 그리고 점과 점의 관계 역시 중요하다.

그림 5에 나타난 바와 같이 어떤 공간에 점이라는 요소가 들어오게 되면 이 점으로 시선이 집중되어 긴장감이 생겨나게 된다.

그런데 그림 6과 같이 점이 추가되어 2개가 되면 주의력이 분산된다. 그 결과 강조 및 집중효과는 크게 떨어진다.

반면에 점과 점 사이에 심리적 힘의 강약과 긴장감이 생겨나게 되는데, 이 경우 점의 크기와 위치에 따라 변화, 균형, 긴장감 또는 방향성이 발생하는 등 흥미로운 결과가 나타나게 된다(그림 6).

크기가 서로 다른 점 두 개가 배치된 그림 7의 경우에는 두 점 사이에 균형감이 아닌 움직임이 생겨나게 된다. 사람들의 시선은 큰 점에서 작은 점으로 이동하는 경향이 있으므로, 자연스럽게 방향성 및 원근감이 부여된다.

아울러 상대적 강조가 가능하므로 개성있고 특징적인 공간디자인

그림 5. 1개의 점: 시선이 집중됨

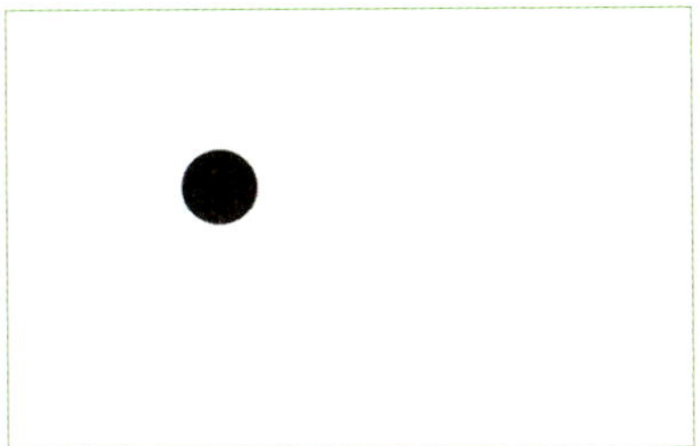

그림 6. 같은 크기의 점 2개: 정적인 균형감

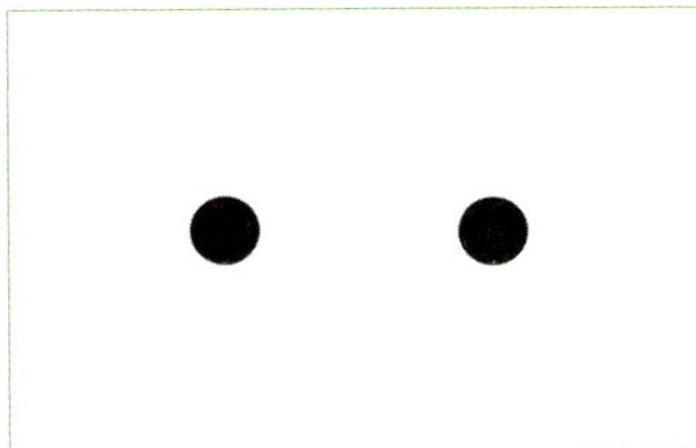

그림 7. 크기가 다른 2개의 점: 동적인 방향성

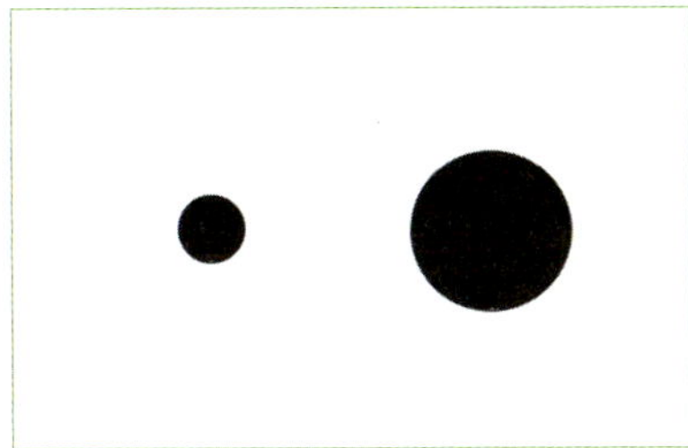

에 활용할 수 있는 점의 배치수법이다.

그 외에 다수의 점이 함께 사용되는 경우도 있다.

많은 점이 흩어져 있을 경우에는 점과 점과의 관련성, 크기, 거리, 밀도, 배치상태에 따라 선이나 면으로 인식되기도 하며, 방향과 강약을 느끼게도 해준다. 점의 크기와 간격, 배치상태에 따라 리듬감이 발생하기도 하고, 집단으로 인식되기도 한다.

또한 우리들의 과거 경험이나 인식에 따라 점들을 특정 선이나 형태로 받아들이기도 한다. 예를 들면 경험이나 지식습득에 의해 이미

그림 8. 큰 점이 먼저 눈에 들어오며, 점차 작은 점으로 이동하므로 움직이는 느낌이 발생

형태가 인식되어 있는 경우로, 불규칙하게 늘어서있는 점 7개를 북두칠성으로 기억하는 것 등이 이에 해당한다(그림 10).

그림 9. 점 9개가 아니라, 점 3개가 3번 반복되는 형태로 인식

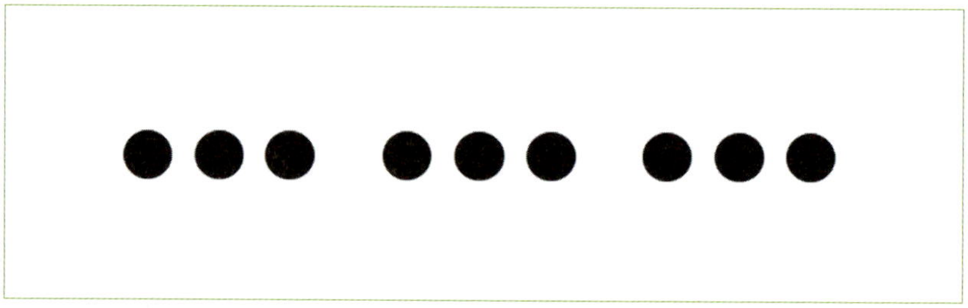

그림 10. 위치와 간격이 불규칙한 점 7개를 북두칠성으로 인식

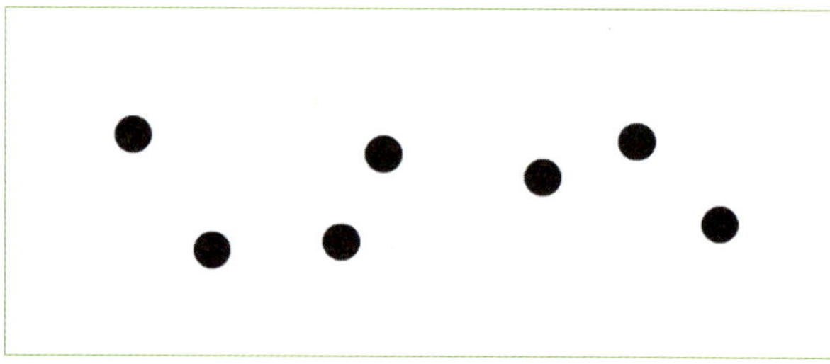

그림 11. 점 4개로 둘러싸인 안쪽 공간이 사각형으로 보임

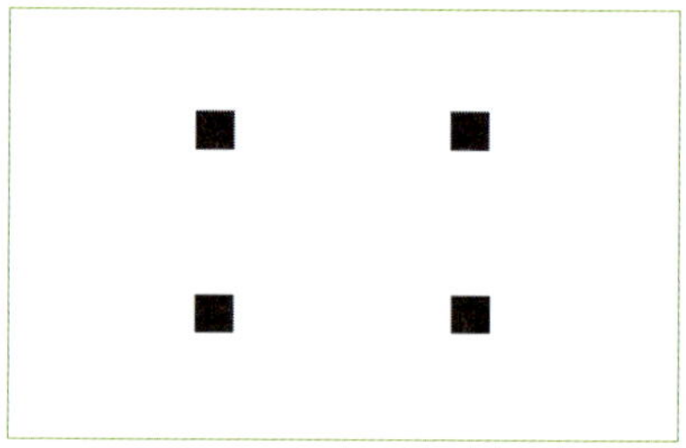

2. 선(Line)

선은 수많은 점이 모여 이루어지거나, 점이 이동한 궤적으로 만들어진다. 즉 점의 연장 또는 움직임에 의해 만들어지는 것이 선이다. 기하학적으로 정의하면 선은 길이와 위치, 방향은 있으나 넓이와 두께는 없는 1차원 요소이다. 그러나 디자인에서 선은 두께나 너비가 있는 좁고 긴 면을 의미한다.

그런데 선이 점의 이동에 의해 생겨나는 것이라는 관점에서 보면, 선은 연속성이나 방향성이 내재되어 있으며 동적인 성질을 가지고 있는 디자인 요소라는 것을 알 수 있다. 아울러 이동하는 점의 크기에 따라 선의 굵기가 달라지는 것은 너무도 당연한 사실이다. 즉 점이 작으면 가는 선이 생기고, 점이 크면 굵은 선이 생기게 된다.

점에 작용하는 힘의 수와 조합에 따라 서로 다른 형태의 선이 만들어지기도 한다. 어떤 점에 하나의 힘이 작용하게 되면 직선이 만들어지며, 두 가지 이상의 서로 다른 힘이 작용하게 되면 곡선이 생긴다. 즉 점에 작용하는 운동방향에 따라 다른 형태의 선이 만들어지는데 그것은 힘의 크기 차이, 이동거리, 속도 등과 관련성이 있다.

그림12. 점이 여러개 모여 선이 형성

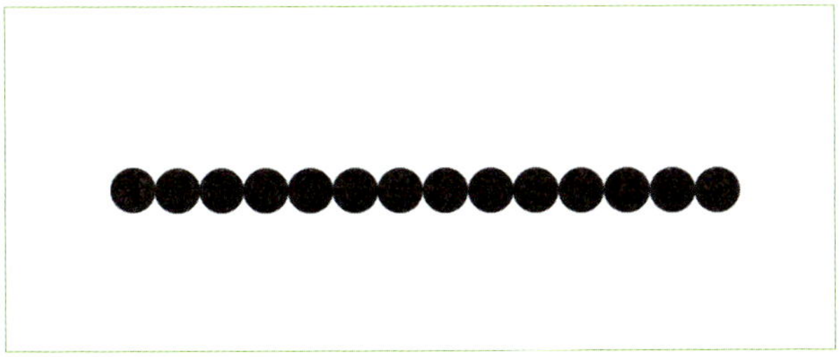

그림 13. 점의 크기에 따른 선의 굵기 차이

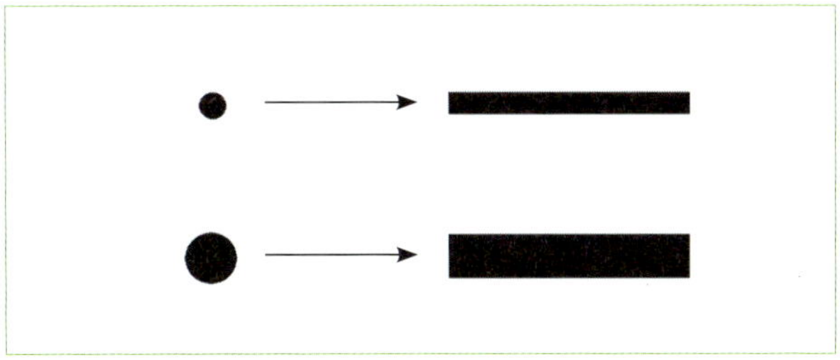

이러한 선은 어떤 대상을 표현하는 기본적인 디자인 요소로 사물이나 공간이미지를 묘사하는 수단으로 사용된다. 선은 공간을 경계 또는 구분하거나 분할하는 역할을 담당하며, 때론 연속이나 방향을 포함하는 의미로 활용되기도 한다. 아울러 선은 점의 이동뿐 아니라 면과 면이 서로 다른 방향에서 만나는 경우 맞닿은 경계에서도 만들어진다.

디자인 분야에서 선은 직선, 곡선, 사선 등으로 나누어진다. 그 외에 가는 선, 굵은 선, 유기적인 선(자연적인 선), 기하학적인 선(인공적인 선) 등으로도 구분할 수 있다.

각 선들이 갖는 의미와 사용목적은 서로 다르므로 선별하여 적절히 사용하도록 하자.

그림 14. 점에 한 방향에서 힘이 작용하는 경우, 직선이 형성됨

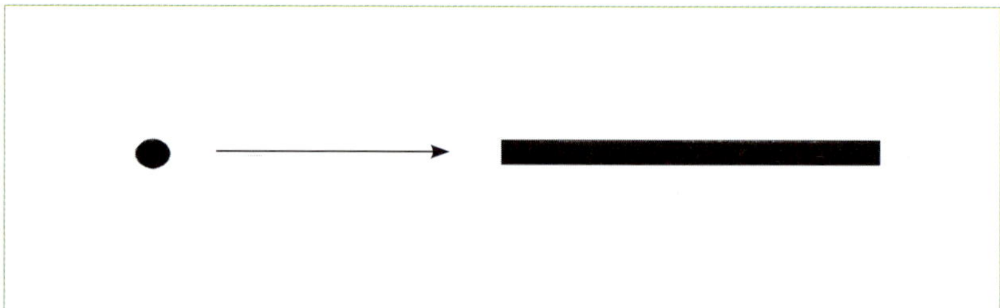

그림 15. 점에 여러 방향에서 힘이 작용하는 경우, 곡선이 형성됨

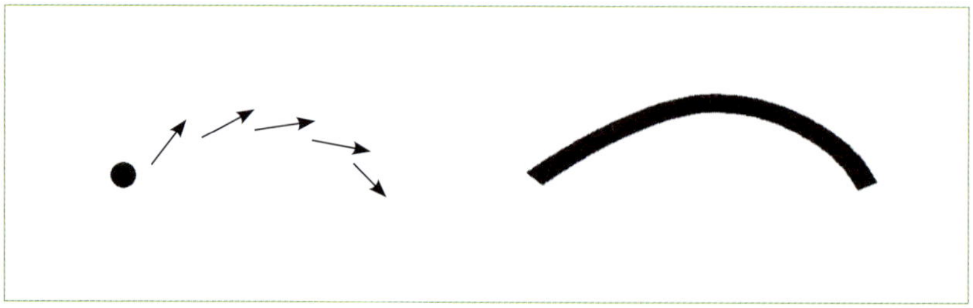

1) 직선(Straight)

직선은 선의 기본이 되는 선으로, 방향을 가진 가장 간결한 선이다. 직선은 인간이 기계적 기하학적으로 만들어낸 인공적인 산물로, 직선이나 평행선은 자연에는 절대로 존재하지 않는 선이다. 단순하고 깔끔하며 이성적이고 힘 있는 느낌을 주나, 딱딱한 이미지가 강한 선이다.

대표적인 직선으로 수평선과 수직선을 생각할 수 있다. 수평선은 중력에 순응 조화하는 선으로 지지, 안정, 평온, 연장 또는 확장의 느낌을 주는 선이다. 이에 비해 수직선은 중력에 역행하는 선으로 높이감, 상승, 긴장감이 나타난다. 또 선은 그 모양이나 두께에 따라 이미지가 달라진다.

- 굵은 직선 : 힘있고 남성적, 둔하고 무거운 느낌
- 가는 직선 : 예리하고 날카로우며 가벼운 느낌
- 가는 지그재그선 : 자극적이며 신경질적, 예리한 움직임, 섬세함과 동적 변화가 느껴짐
- 굵은 지그재그선 : 큰 움직임, 강한 힘, 변화의 느낌

그림 16. 날카롭고 동적 자극이 느껴지는 가는 지그재그 선

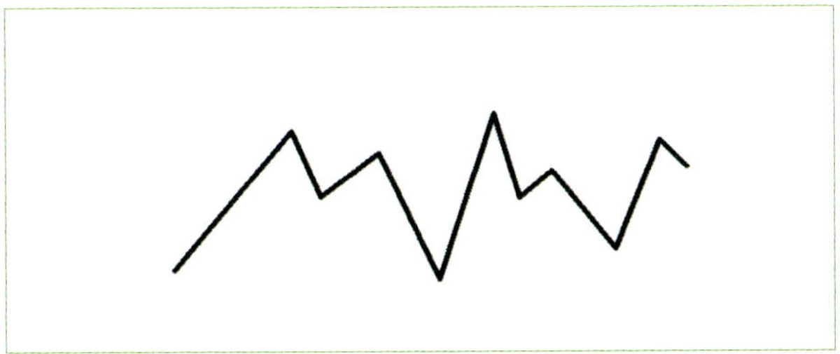

그림 17. 격렬한 움직임과 힘이 느껴지는 굵은 지그재그 선

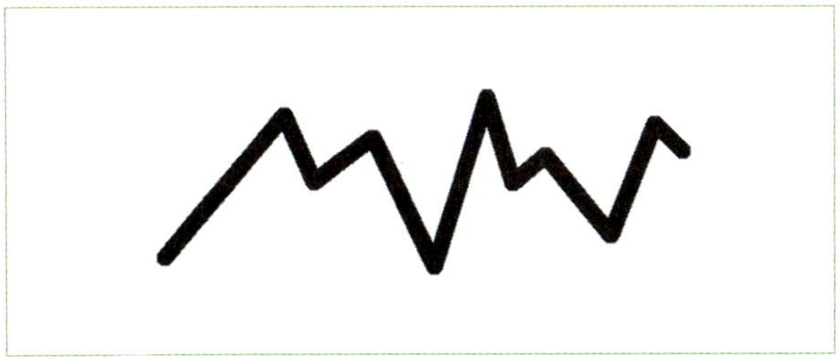

그림 18. 사방으로 확산되는 방사형 배치의 직선 사용(독일)

그림 19. 평행하는 배치의 직선을 사용(프랑스, 라데팡스)

한편 지나치게 여러 형태의 선들이 하나의 공간에 사용되는 경우에는 복잡한 느낌을 주어 질서가 파괴될 우려도 있으므로 선의 선택과 사용에 유의하여야 한다.

2) 곡선(Curve)

하나의 점에 두 개 이상의 힘이 작용할 때, 특히 이 두 힘 중 하나의 힘이 다른 힘보다 지속적으로 강하면 곡선이 생겨난다. 따라서 곡선에는 많은 힘이 내재되어 있다.

곡선은 부드러움과 유연함, 자유로움, 우아한 느낌을 준다. 그러나 직선에 비해 경계가 불명확하며 간접적인 이미지를 주는 선이다.

곡선은 자유곡선(Free Curved Line)과 기하곡선(Geometric Curved Line)으로 구분된다. 기하곡선은 일정한 규칙에 따라 만들어내는 것으로, 선의 윤곽이 명확하며 정해진 원칙에 따라 그려지는 것이다. 따라서 동일한 곡선을 얼마든지 그려낼 수 있다.

자유곡선은 정해진 원칙없이 만들어진 것으로 유연하고 자연스러운 이미지가 강한 선이나 정해진 질서가 없는 선이다.

우리가 자연에서 만날 수 있는 대다수의 선은 곡선이다.

약간 휘어진 곡선이나 구불구불한 선에서는 자유로움과 유연함 그리고 신축성을 느낄 수 있다. 이처럼 곡선은 방향을 변화시키는데 유효한 요소이며 유동적인 연속성을 만들어내기 용이한 디자인 요소로 작용한다.

그림 20. 구불구불한 곡선에서 나타나는 자유로움과 유연함 그리고 유동적 연속성이 느껴지는 자유곡선(오스트리아. 비엔나)

그림 21. 건축물의 지붕선이 지면과 부드럽게 이어지도록 완만한 곡선을 사용(스위스, 벨란쪼나)

그림 22. 곡선이 사용된 화단(체코. 프라하)

그림 23. 직선과 곡선이 조화롭게 함께 사용(경기도)

3) 사선(Oblique Line)

사선은 어떤 각도를 갖고 비스듬하게 그어진 선을 의미한다.

사선은 움직이고 있는 형태, 넘어지는 모양을 나타내어 변화하는 느낌을 주는 선으로 운동감과 젊음 등의 활기를 느끼게 한다. 반면 사선은 기울어진 형상에서 불안정한 느낌을 주기도 한다.

현재 우리들이 생활하고 있는, 인간이 만들어낸 환경에서 사용되는 선은 주로 수직선과 수평선을 기본으로 구성된다. 그러나 사선을 사용하게 되면 방향성과 움직임이 생겨나며 변화를 발생시키는 효과를 얻을 수 있다. 즉 수평선과 수직선은 상호조화를 이루면서 안정감을 주지만 다소 단조롭고 딱딱한 느낌이 있다.

그에 비해 사선은 불안정한 느낌을 주지만 활력과 변화, 파괴 등 현대적인 느낌을 주는 선으로의 활용이 가능하다.

그림 24. 수직선과 수평선으로 구성된 4세 미만 아동의 그림

그림 25. T패턴 이외의 사선표현이 나타나기 시작하는 5세 아동의 그림

인지발달의 과정에서 보면, 4세 미만의 어린이의 경우 주로 수직선과 수평선을 사용한 표현만 가능하다. 이를 T 패턴이라 하며 예를 들면 서있는 사람을 묘사할 때 뻗어있는 손은 수평선으로 표현하게 되는데 이는 몸체에서 분지된 것으로 인식하기 때문이다. 그러나 이러한 패턴은 성장하면서 바뀌게 되어 사선의 표현이 가능해진다. 이처럼 사선은 수평선과 수직선이 응용 발전된 형태로 나타나는 것이라 하겠다.

그림 26. 방향성이 나타나는 사선의 활용(스페인, 바르셀로나)

그림 27. 계단과 건축물에 사용된 사선(담양군)

그림 28. 움직임이 연상되는 풍차날개의 사선(강진군)

그림 29. 조력발전에 사용된 동적 느낌을 주는 사선(오스트리아, 비엔나)

그림 30. 사선을 활용한 동적 긴장감을 주는 수목식재 디자인(장흥군)

그림 31. 평행하는 직선을 이용한 안정적 수목 식재(도로공사 수목원)

그림 32. 전신주를 사선으로 배치하여 흥미로움을 부여(스위스, 베른)

그림 33. 강한 움직임이 느껴지는 사선을 사용한 조형물(스위스, 벨란쪼나)

4) 디자인에서 선의 의미와 역할

공간디자인에서 사용되는 선의 역할은 크게 두 가지로 나눌 수 있다.

첫 번째는 우리들이 어떤 장소로 이동할 때 반드시 사용하게 되는 통로의 역할 즉 동선디자인이다.

두 번째 역할은 선에 의한 공간분할이다. 생각해보면 우리는 이렇게 공간을 나누는 경계나 선들에 매우 익숙해져있으며, 그렇게 분할된 공간을 너무나 당연한 것으로 받아들이고 있다. 정해진 질서에 맞추어 공간을 이용하면서 원래부터 그냥 그런 것이라 생각한다.

그러나 이 때 어떠한 선을, 어느 위치에 배치하느냐에 따라 만들어지는 공간의 성격이 크게 달라진다는 점에 주목해야만 한다.

선에 대한 공간분할에 대해서는 VIII장에서 살펴보기로 하고, 여기서는 선에 의한 동선디자인에 대해 생각해보기로 하자.

르 코르비지에(Le Corbusier)는 그의 저서 『대도시론』에서 인간의 동선은 직선이라 주장하고 있다. '인간은 똑바로 걷는다. 왜냐하면 목적이 있기 때문이다. 굽은 길은 당나귀의 길이고 똑바른 길은 인간의 길이다'. '자동차 시대에 곡선은 파괴를 초래하고 운전하기 어렵고 위험하다' 고 하면서 인간보행, 자동차도로는 목적을 가지고 통행하는 것이므로 직선을 사용하는 것이 바람직하다고 했다. 즉 동선디자인에서 직선과 곡선에 대한 문제는 인간이 이동하는 형태로부터 시작된 것으로 인간의 행동은 목적을 가지기 때문에 똑바로 걷는다는 것이 코르비지에의 주장이다.

그로피우스(Walter Gropius)도 동선디자인에서 직선을 존중했으며, 하버드대학교 대학원센터의 중요입구의 연결은 직선을 사용함으로서 인간의 행동 및 기능측면에서 타당하다고 주장했다.

그런데 그릴로(P. J. Grillo)는 노트르담 대학 구내에서 눈 위에 남긴 사람들의 발자국을 조사한 그의 연구결과를 근거로, 인간 본래의 걷는 행태는 곡선임에도 불구하고 직선으로 도로를 설계한 것은 잘못된 것이며, '디자인의 세계에서 두 점 사이의 최단거리는 직선이 아니다'라고 주장했다.

같은 맥락에서 렙톤(Humphrey Repton)이 완성한 영국 풍경식 정원에서 곡선을 존중한 원로(園路) 계획은 인간이 걷는 형태가 곡선이라는 점에 기조를 두고 있는 것이다. 즉 인간성에 입각한 동선은 곡선이라는 의미이다.

동선디자인에 대한 변화를 살펴보면, 이태리, 프랑스 정원에서는 직선이 주로 사용된 반면, 영국의 풍경식 정원에서는 곡선이 사용되었다는 점에서 이와 같은 학자들의 주장이 적용된 것이라 생각할 수도 있겠다. 물론 영국 풍경식 정원의 출현은 산업혁명 이후 자연으로의 복귀 사조에 기초한 것으로 이해해야 하지만, 렙톤이 설계의 기조를 인간의 보행행태에 두고 동선디자인을 시행했다는 부분은 특징적인 변화라 하겠다.

이와 같이 선의 디자인에서 직선과 곡선은 그 의미가 서로 다르다. 직선은 기능적 효율을 중시하는 성향이 강하나, 곡선은 기능보다는 주변 환경에의 관심을 유도하는 효과가 있다. 따라서 공간디자인을 할 때 디자이너가 선택해야 하는 선은 기능과 목적에 맞게 취사선택 되어야 한다는 것은 너무도 당연한 일이다.

그림 34. 직선은 경계 및 공간이 단순하고 명확하게 분할되는 효과를 갖음

그림 35. 곡선은 인접공간과의 분할이 복잡하며 접촉 길이가 늘어나므로 상호관계가 증가됨

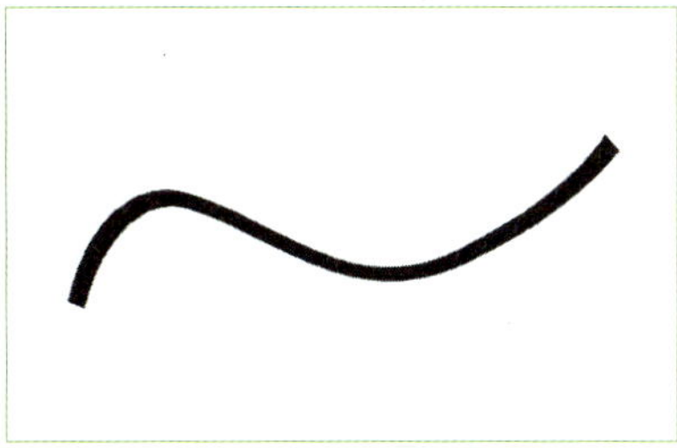

그러나 그 이전에 우리 주변에서 사용되고 있는 선들의 의미와 성격에 대해 관찰하고 평가해보는 작업은 디자이너를 꿈꾸는 사람들에게는 매우 의미있고 유용한 작업이다.

직선형 도로는 패턴을 인식하고 동선을 이해하기는 용이하나 획일적이고 단조롭다는 단점이 있다. 특히 직선형 도로에 인접한 좌우 또는 상하의 공간은 직선에 의해 완전하게 구분, 분절되어 버린다.

곡선형 도로 즉 굽어진 길은 목적지나 중간지점이 드러나지 않아 서서히 변화하는 주변 경관에 시선이 끌린다는 특성이 생겨난다. 하지만 직선 길에 비해 곡선 길은 이동 시간이 더 소요되며, 이동속도 역시 느려진다.

따라서 이동이라는 효율성 측면에서는 불리하다는 약점이 있으나, 역으로 그 공간에 머무는 시간이 증가될 수밖에 없다. 그로 인해 주변 공간과의 접촉이 증가된다는 점은 공간디자인에서 활용가능성이 높은 강점이 되기도 한다.

그림 36. 직선형 도로가 녹지와 보행공간을 명확히 구분해주고 있음(서울시)

그림 37. 직선을 사용한 보행로, 자전거도로, 차도의 경계구분(스페인. 꼬르도바)

그림 38. 바닥면과 입면에 직선을 사용하여 공간을 구분(일본. 다카마츠)

그림 39. 공원내부의 곡선형 도로는 보행속도를 늦추고 자연과의 접촉을 늘려줌(신안군)

그림 40. 완만한 곡선이 사용된 도로(스위스, 부루넨)

그림 41. 직선과 곡선이 함께 사용된 보행로(스위스, 벨란쪼나)

3. 면(Plane)

면은 공간을 구성하는 기본단위이며 형태를 만드는 기본 형상요소이다.

면은 선이 연속적으로 존재하거나 한쪽방향으로 이동하면서 만들어낸 궤적으로, 두께는 없고 넓이만을 갖는 것이다. 기하학적으로 보면 면은 높이(깊이)가 없고 길이와 넓이를 가진 선으로 경계 지어진 표면을 뜻한다. 면은 주로 선으로 둘러싸여 만들어진 2차원의 외형으로 특정 이미지를 전달하거나 느낄 수 있다.

선은 그림 42, 43, 44와 같이 이동방향 및 이동거리에 따라 다양한 모양의 면을 만들어낸다. 한 방향으로 평행이동하면 사각형의 면이 생기며, 일정 지점을 중심으로 하여 이동하게 되면 원이 생겨난다. 즉 선이 어떤 크기의 힘을 어떤 방향에서 받느냐에 따라, 또 선의 이동방향

그림 42. 선의 이동거리에 따른 면의 모양 변화

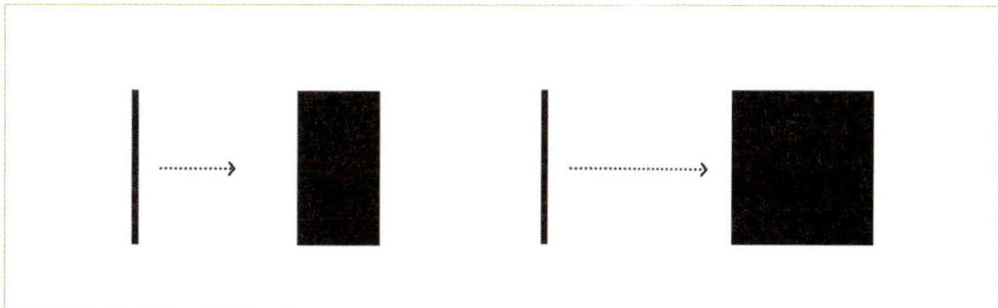

그림 43. 선의 이동방향에 따른 면의 모양 변화

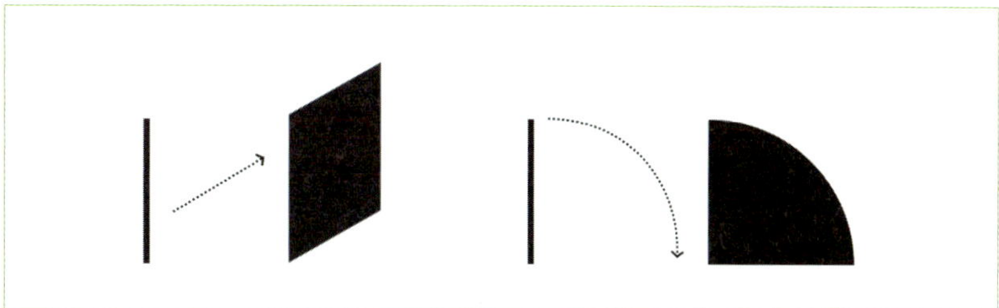

그림 44. 선의 이동방향 및 기준점 위치에 따른 면의 모양변화

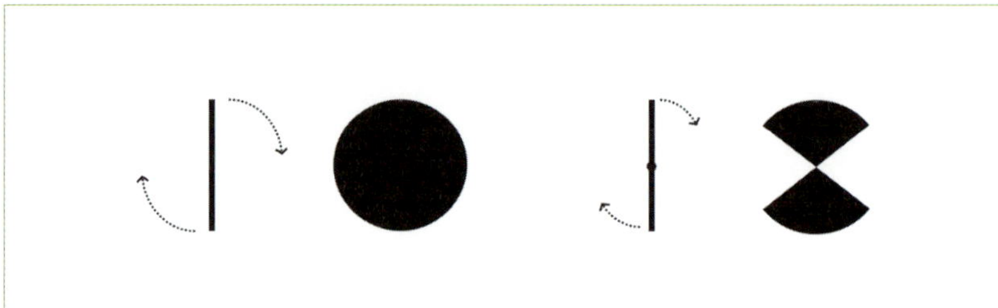

과 회전각에 따라 서로 다른 형의 면이 만들어진다.

또한 면은 다수의 점이 일정면적에 모이거나, 선으로 둘러싸이는 상태에서도 만들어진다(그림 45, 그림 46).

그림 45. 점이 모여 형성된 면

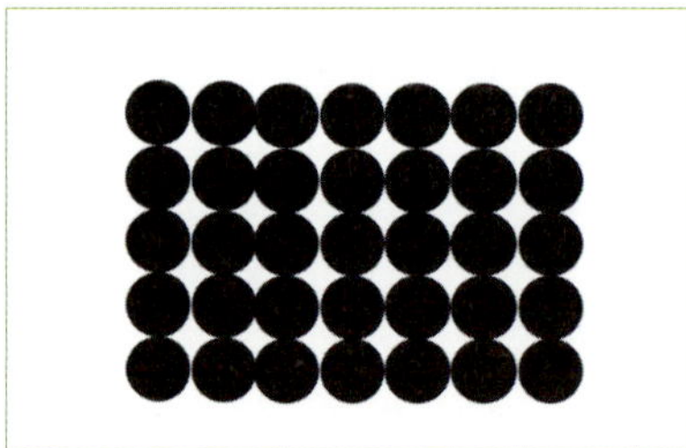

그림 46. 선의 연결에 의해 형성된 면

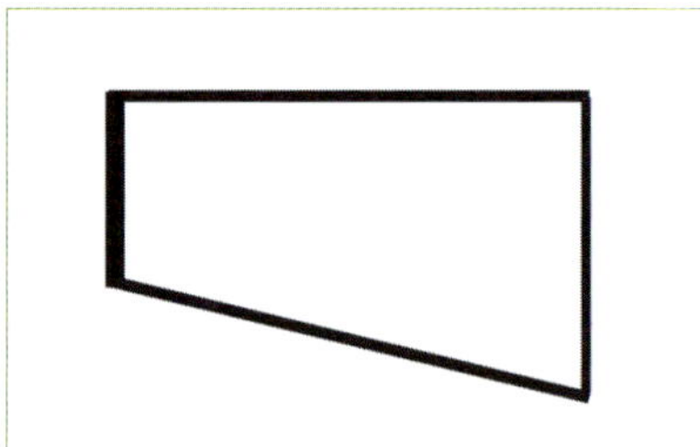

1) 사각형(Square)

사각형에는 정사각형, 직사각형, 사다리꼴 등 여러 가지 형의 면이 있다.

사각형은 단순하고 이해가 쉽고 주변과도 잘 어울리며, 공간이용 측면에서도 매우 효율적이며 유리한 형이다. 사각형은 2개의 수평선과 2개의 수직선으로 구성되므로 타 공간과 구획하여 독립된 장소를 만들어 내는데 매우 편리하고 효과적인 디자인 구성요소이다.

사각형은 우리나라의 주거공간 및 생활기구 그리고 근대 도시계획 등에서 자주 발견되는 형태 중 하나이다. 특히 우리나라 전통공간에서 사용되는 형태이기도 하다. 대표적으로 궁궐이나 전통정원에 조성되는 방지의 경우 대부분 사각형을 사용하는데, 그 중 정사각형(정방형)은 좌우상하 대칭관계가 형성되므로 균형있고 안정적인 느낌을 주는 형태로 정적인 이미지를 갖는다. 또한 원과 유사한 성격으로 방향성은 없으나 중심성은 갖는 형이다. 단 정형적인 이미지가 강하다.

이러한 정사각형에 비해 직사각형은 방향성을 보유하는 형태이다. 사각형의 폭(가로)과 높이(세로)의 길이에 따라 직사각형에서 느껴지는 이미지가 크게 달라진다. 이 때 각 면들의 길이비율에 따라 방향성이 강해지기도 하고 반대로 사라지기도 한다.

또한 긴 면이 횡으로 배치되어 있는 경우에는 안정감이 증대되나, 긴 면이 종으로 배치되는 경우에는 시선집중 또는 동적인 느낌이 생겨나기도 한다.

사다리꼴은 사선의 성질이 강한 사각형으로 변화하는 성질을 갖는 형이다. 매우 흥미로운 모양의 면이기는 하나, 주변과의 조화를 생각해야 하는 공간디자인의 현장에서는 활용이 매우 어려운 사각형이다.

삼각형은 기본적으로 사각형을 분할하여 만들어지는 면의 형으로 움직임과 강한 방향성을 갖는다. 특히 각을 이루는 선의 각도에 따라 서로 다른 속도감이 발생하는 흥미로운 도형이 삼각형이다.

그림 47. 사각형 사용한 소광장의 조형물(스위스, 벨란쪼나)

그림 48. 사각형 연못과 녹지(스위스, 벨른)

그림 49. 직사각형을 사용한 분수대와 녹지대(헝가리, 부다페스트)

2) 원형(Circle)

원형은 둥근 모양으로 인류가 발견한 최초의 도형이다. 인류가 농경생활을 시작하면서 끈에 묶어둔 가축들이 움직이는 동선을 보고 발견하게 된 형태가 바로 원형이다.

원은 하나의 중심을 가지고 있으며 중심에서 일정한 거리가 유지되는 공간형태이다. 또 주위를 향해 확산 또는 주위에서 중심을 향해 모여드는 특성을 갖는다. 원형은 중심에서 모든 방향으로 동일한 힘이 작용하므로, 중립적이며 안정감 있는 면 또는 공간을 만들어낼 수 있는 디자인 요소이다.

종합해보면, 원형의 면은 상호균형, 공평, 모임, 긴장이 없는 편안한 휴식의 의미가 있어, 공적인 장소에 자주 사용되는 디자인으로 평면 중 가장 순수하고 안정된 느낌을 보유한다.

한편 원은 사람들의 관심을 집중시키는 역할을 한다. 따라서 관심을 끌고자 하는 경우가 아니라면 원형보다는 사각형을 사용하는 것이 좋다.

원은 크게 정원형(Circle)과 타원형(Oval)이 있다.

정원형은 방사상의 균등한 힘이 작용하므로 중립적이어서 주위의 어떤 형태의 면과도 잘 어울린다. 반면에 타원형은 중심이 2개가 있어 방향성이 생겨나게 된다. 일반적으로 타원형은 중심의 위치에 따라 강한 방향성을 보유하게 되며, 중심이 하나인 원형보다 다루기가 어렵다.

이와 같이 원형이든 사각형이든 그 형태가 복잡해지면, 면의 중심 및 방향 등이 여러 개가 존재하게 되므로 다양성이 만들어지게 된다. 물론 그런 까닭에 주위와의 조화에 어려움이 따르기도 한다.

그림 50. 분수대에 원형을 사용(오스트리아. 비엔나)

그림 51. 기하곡선인 원형이 사용. 단순한 이미지(체코, 레드니체)

그림 52. 녹지와 수공간에 원형을 사용(스위스, 벨란쪼나)

그림 53. 진입부 경사면 및 보행로 포장에 원형패턴이 사용(스위스, 벨란쪼나)

그림 54. 쉼터 및 보차도 경계에 원형을 사용하여 부드러움과 일체감을 부여(스위스, 상트갈렌)

그림 55. 돌출된 원형 데크가 사용되어 흥미로움을 주는 해변공원 (스위스, 몽트뢰)

4. 형태·입체 (Form, Shape)

입체는 면이 여러 개 모인 집합체 또는 면이 이동한 자취로, 공간의 일정부분을 점유하며 부피를 갖는다.

우리가 주변에서 볼 수 있는 모든 사물들은 입체 형태로 존재하며 공간 역시 3차원 형태이다. 입체의 기본형태는 육면체, 구, 원뿔, 삼각기둥 등이며, 이미지를 표현하는 디자인 구성에서 가장 중요한 요소로 작용한다.

우리가 일상에서 흔히 접하고 있는 입체형태의 유형에는 기하학적 형태와 유기적 형태가 있다.

그림 56. 면의 모양(형) 및 이동방향에 따라 달라지는 입체형태

그림 57. 면의 회전으로 만들어진 구(Globe) 입체형태

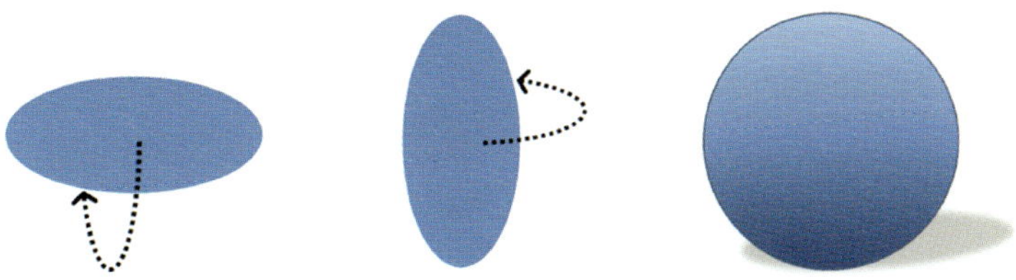

1) 기하학적 형태(Geometrical Shape)

기하학적 입체란 인간들의 조형활동에 의해 만들어지는 인공적인 형태로, 우리주변에서 쉽게 찾을 수 있다. 기하학적 형태는 일정한 법

그림 58. 교량과 건축물에 나타난 기하학적 형태(오스트리아. 그라츠)

칙을 가지고 만들어지는 것이므로, 규칙적이고 질서를 가지며 단순 명쾌한 이미지를 갖는다. 인공적이고 차가운 느낌 그리고 기계적으로 만들어낸 느낌이 강한 반면, 형태의 합리성과 단순성을 보유하고 있으며, 기술적인 필연성과도 연계된 형태이다.

그림 59. 기하학적 형태가 사용된 도시건축물(독일, 에르푸르트)

2) 유기적 형태(Organic Shape)

유기적 형태란 나뭇가지, 바위, 하천 등에서 발견할 수 있는 입체 형태를 뜻한다. 자연계에 존재하며 자연법칙에 지배를 받는 형태이므로 주변 환경에 적응된 합리적이라는 장점이 있으며, 시각적인 아름다움과 유연성을 보유하는 형태이다.

그림 60. 나뭇가지에서 발견되는 유기적 형태

인위적으로 만들어낼 수 없는 자연스러운 선이나 곡면, 자연 비례 등에 의해 만들어지는 형태이다.

그림 61. 숲과 구름에 나타나는 유기적 형태

5. 공간디자인에 활용되는 점·선·면·형태

이하에서는 디자인의 개념요소인 점, 선, 면 그리고 입체형태가 우리들의 생활공간에 사용되고 있는 구체적인 사례를 소개한다.

지금까지는 하나의 형태로 보이던 조형물과 공간들이 점, 선, 면 등과 같은 디자인 요소들의 조합에 의해 만들어지고 있었다는 사실을 확인할 수 있을 것이다.

이제 우리주변을 둘러보고 각 디자인의 요소들을 읽어낼 수 있는 능력을 키워 놓아야만 한다. 이것은 좋은 디자이너가 되기 위한 필수적인 덕목이자 전문가가 되기 위해 반드시 거쳐야만 하는 과정이기 때문이다.

그림 62. 선의 사용하여 면의 효과를 얻어낸 디자인

그림 63. 선을 사용한 완만한 산책로 계단

그림 64. 선의 연결로 만들어낸 벽면

그림 65. 각기 다른 재료를 사용하여 면을 연출

그림 66. 선으로 바닥면을 경계, 구획하여 면을 만들어낸 캠핑장의 텐트 설치공간

그림 67. 주변과 다른 정형적 형태를 강조하기 위해 점적으로 수목을 배치

그림 68. 선을 사용한 공간구분으로 서로 다른 면들을 만들어냄

그림 69. 상징조형물을 점 요소로 사용하여 강조효과를 만들어냄

그림 70. 점, 선, 면이 경계구분에 사용

그림 71. 점, 선, 면이 모두 사용

그림 72. 수공간과 녹지에 면이 사용

그림 73. 면과 점이 도입된 방지(方池) 디자인

그림 74. 완만한 곡선과 수면의 조화

그림 75. 수평선과 수직선이 동시에 사용

그림 76. 보행로 바닥면에 원형패턴이 들어간 선, 면을 사용하여 흥미로움을 부여

그림 77. 데크 난간과 수목선의 조화

그림 78, 점, 선, 면을 종합적으로 사용

그림 79. 높이가 다른 다양한 면이 사용된 휴식공간의 디자인

그림 80. 선과 면이 동시에 사용된 보행 및 휴게공간

그림 81. 기하곡선이 사용된 공연무대와 관람석

그림 82. 사용목적에 따른 면의 구획과 활용

그림 83. 면과 점이 사용된 광장디자인

그림 84. 시선집중 효과를 갖는 식재디자인

그림 85. 점, 선, 면이 함께 사용된 기념광장

그림 86. 점, 선, 면이 모여 형성되는 외부공간

그림 87. 상징적 의미의 점적 요소가 도입된 모뉴멘트 디자인

III

디자인의 원리

어떤 실체를 형성하는 각 구성요소들은 각기 상호 의존적인 관계를 갖게 되는데, 이러한 디자인 요소들의 질서를 만들어 내기 위한 기본적인 원칙을 디자인 원리라 한다. 좋은 디자인이 되기 위해서는 어떤 구도 및 원리에 맞게 디자인 과정이 진행되어야 한다. 이에 관한 기본적인 원칙들을 살펴보기로 하자.

물론 이러한 디자인 원리들은 하나씩 개별적으로 사용되거나 작용하게 되는 것이 아니라, 상호 보완적인 관계로 서로 영향을 미치게 되는 구성 원리이다. 따라서 각 요소간의 전체적인 조화가 이루어질 때 좋은 디자인이 완성될 수 있다.

디자인의 대표적인 원리로는 조화(Harmony), 균형(Balance), 반복(Repetition), 비례(Proportion) 등을 들 수 있으며, 이하에서 각각의 원리들을 소개한다.

1. 조화 (Harmony)

두 개 이상의 요소들이 서로 결합하여 부분적 혹은 전체적으로 질서를 이루고 있으면, 서로 분리되거나 충돌하지 않고 또 어느 한쪽으로도 치우치지도 않는 상호 보완관계가 형성 유지되게 되는데 이러한 구성 원리를 조화라 한다. 즉 조화란 디자인의 요소들이 상호관계를 가지고 균형감을 잃지 않은 상태로 통일과 변화 등이 안정적으로 결합되어 있는 상태를 의미한다.

조화의 어원은 결합을 의미하는 그리스어 하모니(Harmony)에서 유래된 것으로, 어긋나거나 부딪힘이 없이 서로 고르게 잘 어울린다는 의미이다.

이러한 조화에는 유사조화(Similar Harmony)와 대비조화(Contrast Harmony)의 두 가지 유형이 있다.

유사조화란 어느 형태의 부분 상호간 또는 두 개 이상의 구성요소 사이에 관계가 비슷하면서 조화를 이루는 경우를 뜻한다.

이처럼 형태나 이미지를 구성하는 요소들이 서로 비슷한 경우에는 비교적 손쉽게 조화를 만들어낼 수 있다. 그러나 동일동질의 요인을 계속 사용하게 되면, 단조롭고 평범한 느낌을 주어 지루해지기 쉬우므로 구성요소의 수량, 배치, 형태 등에 유의하도록 한다.

이와는 달리 서로 다른 이질적인 구성요소들이라 하더라도 상호관계를 조율하여 균형있는 배치를 만들어내게 되면 새로운 조화를 얻어낼 수 있다. 이것을 대비조화라 한다.

단 대비조화의 경우에도 서로 이질적인 요인이 지나치게 강조되면 무질서하고 산만한 상태가 되기도 한다. 그렇게 되면 조화를 잃게 될 뿐 아니라 시각적 불안정, 부조화가 생겨날 수 있으므로 적정 범위에서의 변화와 상호조율이 필요하다.

종합해보면, 조화는 특정 요인의 도입에 의해 만들어지는 것이 아니라 디자인 구성요소들의 상호 관계에의해 만들어지는 것이다.

따라서 조화에서는 구성요소 전체와 부분, 부분과 부분과의 균형관계가 매우 중요한 디자인 원칙이 된다. 동질, 유사, 상이, 대비 등의 상호보완 및 균형있는 관계를 조율하고 질서를 지켜가는 것이 포인트로, 디자인에서 조화는 미적원리를 통합한 종합적인 구성 원리라 할 수 있다.

1) 유사조화

서로 비슷하거나 같은 특성을 가진 요소들을 조화시키는 것으로, 안정감과 친근함 그리고 부드러운 느낌을 준다. 반면에 단조로울 수 있다.

2) 대비조화

서로 다른 특성을 가진 요소들이 모여 조화를 이루도록 하는 것으로, 반대, 대립, 다양함 등으로 흥미를 자극하고 신선함과 긴장감 등 극적이며 시각을 유인하는 효과가 있다.

그림 1. 유사 조화

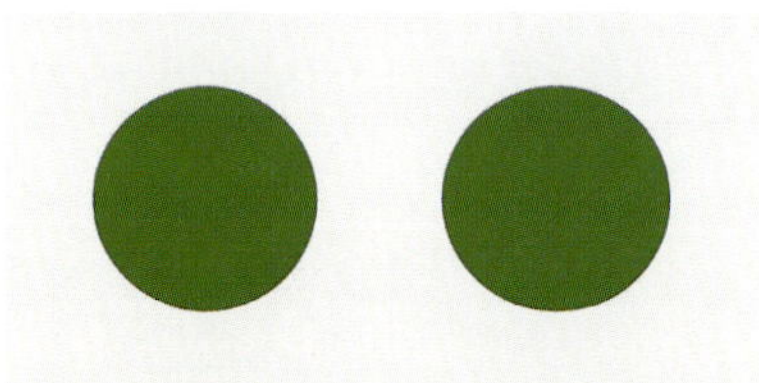

그림 2. 대비 조화

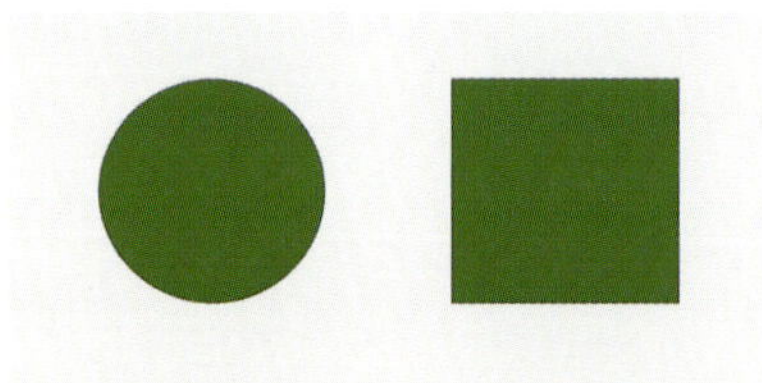

그림 3. 동일형태를 가지고, 크기, 배치, 색채에 변화를 주어 구성해 낸 유사 조화와 대비 조화

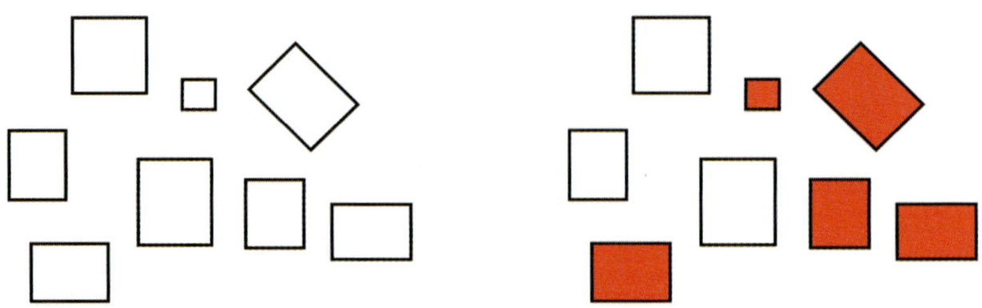

2. 균형(Balance)

균형이란 한쪽에 치우침이 없이 양쪽의 크기나 무게 등이 사람들에게 동일하다고 느껴져 안정감을 주는 구성미를 뜻한다. 즉 물리적 또는 시각적으로 느끼는 무게의 동등한 분배를 의미하는 평형상태가 균형이다.

균형(Balance)과 균제(Symmetry) 두 가지 모두 평형을 이루고 있는 구성 상태를 뜻한다. 단 균제가 대칭적 균형 또는 정형적 균형이라 한다면, 균형은 비대칭적 균형 또는 비정형적 균형을 의미한다.

균형이 통일감을 준다면 불균형은 변화를 주는 디자인 구성원리가 된다고 할 수 있다. 균형이 잡혀있는 것은 자연스럽고 안정감을 주나, 균형이나 질서가 깨어지게 되면 불안함과 거북스러움이 발생하기도 한다. 단 시각적 자극을 유도하기 위해 의도적으로 불균형을 사용하는 경우도 있다.

1) 대칭적 균형(Symmetrical Balance)

상하 좌우 방향으로 같은 형태가 마주보고 있는 형태의 구성이다. 정돈의 의미로 질서, 안정, 통일, 정지 등의 효과가 있으나, 보수성이 강하고 정형적이며 딱딱하고 정적인 느낌을 준다.

그림 4. 대칭적 균형

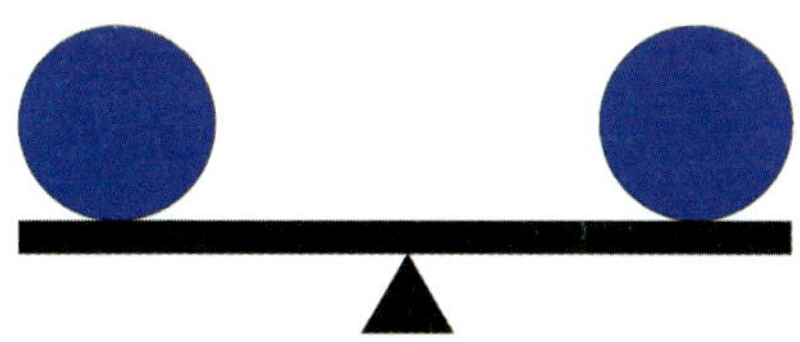

대칭적 균형의 종류에는 대칭축의 양쪽 중심에서 일정한 거리에 있거나 형상이나 위치 등이 축을 경계로 동일하게 배치되어 있는 상태인 좌우대칭과, 동식물에서 나타나며 잠자리 모양, 나비, 나뭇잎 등에서 찾아 볼 수 있는 선에 의한 대칭, 둘 이상의 대칭축이 점을 중심으로 등각을 형성하고 있는 방사대칭, 그리고 점을 중심으로 모든 각도에서 대칭되는 차바퀴, 꽃과 같은 점에 의한 대칭 등이 있다.

2) 비대칭적 균형(Asymmetrical Balance)

형태적으로는 불균형을 이루고 있지만 구성 요소들이 상호간 일정한 형식을 유지하고 있는 것처럼 보여 안정감을 느끼게 하는 구성이다.

비대칭적 균형은 대칭적 균형에 비해 좀 더 적극적이고 자유로움과 활동감, 독특한 개성이 느껴지는 구성 원리의 하나로, 비정형적이며 자연스럽고 부드러운 이미지를 준다.

그림 5. 비대칭적 균형

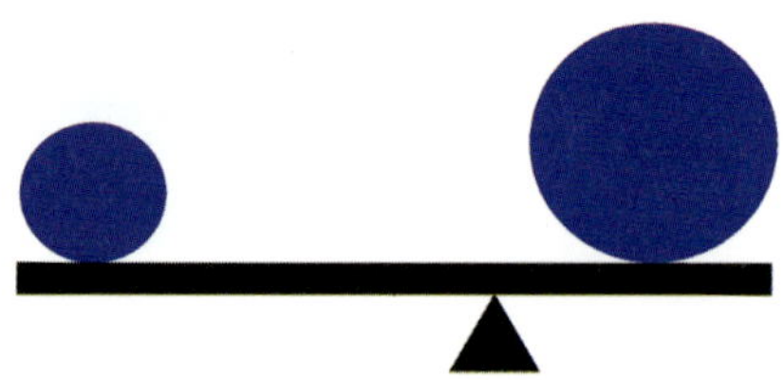

3. 반복 (Repetition)

반복은 동일한 요소나 단위들이 한번 이상 시간적, 공간적으로 되풀이되어 나타나는 구성을 말한다.

반복은 구성이 단순하므로 이해하기 쉽고 균형을 얻기 쉬우므로 통일감을 주는데 매우 용이한 디자인 원리이다.

동일한 크기나 형태, 색채, 질감, 거리, 방향 등이 반복적으로 사용되면 규칙적인 리듬감이 생겨나게 된다. 그러나 반복은 안정감과 편안함을 주는 효과는 있으나, 획일적인 느낌을 주어서 과도하게 사용하게 되면 단조로움과 지루함을 줄 수 있다.

반복은 가장 간단한 형태의 율동이기도 하다. 예를 들면 동일한 수종의 나무를 일정 간격으로 배치하는 가로수 식재방법은 가장 흔하게 사용하는 반복수법이다. 반복이라는 디자인 수법은 복잡하고 다양한 주변 요소들을 통일시키고 연결해주는 효과를 주는 디자인 원리이다.

그림 6. 동일요소의 반복

그림 7. 통일감을 주는 반복

이와 같이 같거나 비슷한 요소들을 규칙적으로 반복 배치하거나 교차로 배치하여 시각적인 움직임 즉 동적인 느낌을 갖게 만드는 디자인 원리를 율동(Rhythm)이라 한다.

율동은 리듬이라고도 하며, 어떤 요소의 규칙적 반복적 질서가 지각될 때 나타나게 된다. 율동은 속도 및 시간감과도 관련이 깊다. 율동은 반복 및 교차라는 수법을 통해 만들어 낼 수 있다.

그림 8. 크기와 형태의 반복사용에 의한 율동

4. 비례 (Proportion)

비례란 요소의 부분과 부분, 부분과 전체를 연관시켜 상대적으로 설명하는 것을 말하며 비율(Ratio)이라고도 한다. 즉 각 요소들의 길이, 면적, 분포 등의 대비 관계를 말한다.

형태, 색채 등에 있어 양적으로나 혹은 길이와 폭의 대소에 따라 일정한 크기의 비율로 증가 또는 감소된 상태로 배치된 경우 비례가 생겨난다. 이와 같이 비례는 사물의 상대적인 크기로 비교되는 비례감 내지 균형감이 나타난다는 특성이 있다.

따라서 비례는 일정한 형태의 반복이나 단순 균형과는 달리 질서의 변화와 미적인 즐거움을 가져다주는 효과가 발생한다.

우리가 사용하고 있는 비례는 매우 다양하다. 물론 사용목적이나 상황에 따라 선별하여 사용한다. 황금비례, 루트비례, 인체비례 등이 디자인 분야에서는 아름답고 유용한 비례로 자주 활용된다.

1) 등차수열 비례

같은 간격의 비례. 1 : 3 : 5 : 7 : 9

2) 등비수열 비례

같은 비율의 비례. 1, 2, 4, 8, 16

3) 황금 비례

완벽한 비례라고도 일컬어지는 비율. 작은 부분과 큰 부분의 비가, 큰 부분과 전체의 비와 같아지는 비례. 1 : 1.618

4) 루트 비례

한 변을 1로 했을 때 긴 변의 길이가 $\sqrt{2}$, $\sqrt{3}$ 등의 무리수로 되는 비례. A4용지 등 종이에서 사용되는 비례

5) 모듈러(Modulor)

휴먼스케일에 근거한 비례로, 인체의 치수를 기본으로 하여 황금비를 적용한 비례

6) 피보나치(Fibonacci) 급수

수열에 의한 비례. 첫 항과 둘째항을 1이라 하고, 3항부터는 차례대로 앞의 두 항의 합을 취하여 배열되는 비례.

1, 1, 2, 3, 5, 8, 13, 21

7) 금강 비례

우리나라 전통건축물 등에서 나타나는 가로와 세로의 비례를 의미하며, 황금비례 보다는 $\sqrt{2}$ 비례에 가까우며 실용적 비례라고도 함. 금강산과 같이 아름다운 비례를 갖는다는 의미로 금강비례라 칭함

5. 강조 (Emphasis)

강조는 특정한 어느 한 부분에 변화를 주어 시각적으로 집중되게 하거나 두드러지게 하여 강한 인상을 부여하는 디자인 원리이다. 즉 디자인 일부분에 주어지는 초점이나 흥미를 중심으로 변화, 변칙, 불규칙성을 의도적으로 만들어내는 경우를 뜻한다.

디자인에서의 강조는 주의를 집중시키고자 할 때, 단조로움이나 틀에 박힌 규칙성 등을 깨뜨리기 위해 사용하며, 관심의 초점을 조성하거나 흥미를 유도해내고자 할 때 사용하기도 한다. 단 강조가 지나치면 균형이 깨지기 쉬우므로 주의한다.

강조는 디자인 구성에서 크기, 형태, 색채, 질감이나 질서, 순서, 방향 등 다양한 속성을 이용하여 만들어낼 수 있다. 강조는 주변 요소보다 이목을 끌 목적 또는 탁월성 부각이나 중심적인 의미전달을 위해 사용한다.

그림 9. 강조

그림 10. 대조

이와 유사한 디자인 원칙으로 대조·대비 등을 통한 강조를 생각할 수도 있다. 대비(Contrast)는 서로 다른 영역이 대립되는 형태로, 단순히 이질적인 요소를 어떤 목적을 가지고 사용하는 경우에 적용되는 디

자인 원리이다.

대비는 조형물이나 공간 구성시 형태, 색채, 질감 등 서로 다른 특성을 강조하기 위하여 의도적으로 이질적인 요소를 인접 또는 결합시키는 상태를 의미하는 것이다.

이러한 방식을 사용하면 눈에 잘 뜨여 주목을 끄는 효과가 나타나므로 명시성, 주의성, 긴장감을 높일 수 있다. 다만 이 때 사용되는 대비는 반드시 조화를 이루어야 하는 것은 아니므로, 앞서 소개한 대비조화와는 다른 개념의 디자인 원리이다.

우리 주변에서 자주 접할 수 있는 대비의 예로는, 교통표식으로 사용되는 노란색 바탕에 검은색 또는 적색으로 디자인 된 경우가 될 것이다. 이는 대비되는 색을 활용하여 강조효과를 내는 대표적인 활용사례이다. 다만 대비 또는 대조가 되는 색을 지나치게 사용하면 산만해지거나 혐오감을 주는 효과가 나타날 수도 있으므로 목적에 맞는 적정 사용이 필요하다.

눈에 뜨이는 대비이기는 하나 혐오감을 주는 예로는, 맹독을 가진 뱀이나 해충, 독거미 등의 표피색과 무늬 등을 생각할 수 있다.

그림 11. 색채를 이용한 강조와 대비

6. 통일(Unity)

통일은 형태나 색채 등을 조절하여 질서와 안정감을 주는 미적 결합을 의미하는 디자인 원리이다.

디자인 구성요소가 갖는 다양한 디자인 특성 중 특정한 유사성 및 동질성을 매개로 공통성을 갖고 하나의 이미지로 보이는 현상 즉 조형적 일관성을 통일이라 한다.

통일은 시각요소들이 서로 조화로우며 전체적으로 단일하게 보이는 상태이다. 전체적 관점에서 모든 구성요소들이 질서를 이루고 있어, 상호보완적으로 결합되어 있거나 연관성이 강하게 유지되는 상태를 의미한다. 단 통일을 과도하게 사용하면 지루해지기 쉽다.

통일에서 가장 중요한 것은 디자인 대상의 전체가 부분보다 두드러져 보이도록 전체의 미적 질서를 유지시켜 주어야 한다는 점이다.. 따라서 전체를 구성하는 부분들이 통합된 형태로 인식되어야 하는 즉 시각적 일체성을 느낄 수 있어야 비로서 통일감이 만들어 질 수 있다.

통일을 만들어내기 위해 가장 자주 사용되는 방법으로는 두 가지를 생각할 수 있다.

첫째는 형태나 색채 등을 동일하게 유지하는 수법이다.

둘째는 구성요소가 상이한 경우에 그것들을 서로 연결시키기 위해 무엇인가의 공통된 요소를 일정한 간격이나 구성 등으로 반복 사용하는 수법이다. 이 때 반복되는 요소로는 모양, 크기, 색채, 비례뿐만 아니라 질감, 재료의 사용과 조화를 통해서도 통일을 만들어낼 수 있다.

그리고 통일을 만들어내기 위해서 자주 사용되는 디자인 원리의 하나로 질서를 생각할 수 있다. 질서는 사물들의 규칙적인 배치나 배열 또는 그 원칙을 말한다.

단 지나친 통일이나 질서는 단조롭고 무미건조해지기 쉬우므로 적당한 변화를 주어야 흥미로운 디자인이 될 수 있다.

그림 12. 통일과 질서

그림 13. 변화 (좌: 방향의 변화, 우: 색채의 변화)

7. 변화 (Variation)

변화는 통일과 상반된 개념으로, 구성요소의 길이, 면적 등 물리적 크기 및 형태, 색채, 질감, 배치 등이 바뀌어 주변요소들과 달라 보이는 등 다양한 특징이 표현되는 구성을 의미한다.

반복적 표현은 피하고 각 구성요소의 차이를 강조함으로써 아름다움과 생동감을 표현하는 조형원리가 변화이다. 단조로움을 깨고 긴장감과 다름을 나타내고자 할 때 변화를 사용한다.

다만 변화를 지나치게 사용하여 전체의 조화를 넘어서게 되면 질서가 깨져 무질서함이 발생된다. 따라서 주변과의 조화, 통일과의 상호 관계를 고려하면서 적절한 조형미가 유지되도록 구성하여야 한다. 즉 통일의 영역을 침범하지 않는 한도 내에서 변화가 이루어져야 그 가치를 발휘할 수 있다.

그림 14. 형태의 변화

그림 15. 배치, 질서의 변화

8. 점진 (Gradation)

점진이란 한 요소의 속성이 일정한 질서 및 단계에 따라 조화를 이루면서 형태가 점차 증가하거나 감소되는 변화를 갖는 디자인 원리이다.

그런데 점진은 단순히 동일한 요소 및 단위가 규칙적으로 되풀이되는 반복과는 다르다. 점진에서 사용되는 질서는 급수 단계적 성질을 가지고 있기 때문에 점층적이며 복잡한 형태의 질서단계가 만들어지게 된다. 따라서 단순히 반복되는 방식보다 좀 더 복잡한 상태로 강한 율동감과 운동감이 생겨난다는 특성을 갖는다.

아울러 어떠한 방식의 점진을 사용하느냐에 따라 상징적인 질서 및 아름다움을 연출할 수 있는 디자인으로 흥미로움과 호기심 등을 기대할 수 있는 방법이다.

그림 16. 선의 두께변화에 의한 점진

그림 17. 색채의 단계적 변화를 이용한 점진

점진은 조화단계에 의해 일정한 순서를 지니는 배열로 율동이나 리듬형식의 하나로도 볼 수 있다. 단 단계나 변화가 동적, 급수 기하학적으로 나타나는 구성방식으로, 안정감 및 균형감과 더불어 흥미로운 리듬감을 발생시킨다.

점진에는 사람들이 의도적으로 만들어내는 경우와 자연에서 찾아낼 수 있는 서열의 법칙이 있다. 이와 같이 사람들이 생활하고 체험하는 공간이나 형태에서 찾아낼 수 있는 단계적 관계가 있는 질서 즉 점진과 위계는 대단히 유용한 디자인 원리이다.

구체적인 적용 및 표현기법으로는, 형태에 단계적인 차이를 주거나 색채 사용 시 명도나 채도를 단계적으로 변화시켜 가면 손쉽게 점층 및 점이효과를 얻을 수 있다. 특히 단순하게 동일형태나 색을 반복하는 구성방식과 비교해본다면 점이는 동적인 느낌을 강하게 만들어낼 수 있는 디자인 수법의 하나라 하겠다.

그림 18. 크기 변화에 의한 점진

그림 19. 명도 변화에 의한 점진

9. 위계 (Hierarchy)

위계란 위치나 지위의 단계를 뜻하는 것이다.

디자인에서는 구성 요소간의 지배와 종속관계 및 순서를 상징적으로 표현하는 원리를 위계라 한다. 즉 구성요소의 크기, 형태, 위치 등이 갖는 시각적 강도에 따라 비례 효과가 나타나는 디자인 원칙이다.

하나의 구성에서 중요하거나 의미있는 요소나 존재로 부각시키기 위해서는 강조된 특징이나 우월한 요소가 도입된 구성이 이루어져야 한다. 그리고 그러한 효과를 내기 위해서는 차별화된 크기, 독특한 형태 그리고 전략적인 위치 선정이 있어야 한다. 이때 위치나 지위단계가 중요한 형태나 공간 등을 만들어내고 계획적인 배치를 통해 의미를 부여할 수 있는 디자인 원리가 위계이다.

위계디자인에는 크게 3가지 수법을 생각할 수 있다.

---

1) 크기에 의한 위계

다른 구성요소와 아주 다른 크기를 갖게 함으로써 탁월한 디자인 구성을 만들어내는 것이 크기에 의한 위계디자인이다.

위계는 어떤 구조물이나 공간구성 모두에 적용할 수 있다. 탁월함과 우세함을 나타내기 위해서는 공간의 상대적인 규모를 크게 하거나 단계적인 크기 변화를 두는 디자인 기법이 사용된다.

높이차이를 이용하여 수직적인 요소를 도입하는 방법도 위계를 만들어내는데 유효하다.

우리나라 궁궐이나 사찰 등에서 흔히 찾아볼 수 있으며, 단계별로 공간의 크기를 확장시키거나, 건축물의 규모를 크게 하여 위계질서를 만들어내는 디자인 수법으로 도입, 활용되고 있다.

2) 모양에 의한 위계

형태에 단계적 변화를 주거나 의도적으로 대비되는 모양을 사용하여 차별화 시키거나 단계적 위계를 두는 것이다. 단 단순대비 또는 강조와는 달리 공통점을 두고 단계적인 변화를 주어야 위계가 생겨나게 되므로 의도한 효과를 볼 수 있다.

3) 위치에 의한 위계

구조물이나 공간 등은 위치나 배치상황 등에 따라 위계가 만들어지기도 하며 때론 사라지기도 한다.

위치에 의한 위계 디자인을 구성하기 좋은 장소는 다음과 같다.

연속되는 축이나 기준선이 끝나는 위치, 대칭이 사용된 구성의 경우에는 중앙 부분, 방사형 또는 광장 등 사람이 모이기 쉬운 위치, 전체구성에서 가장 눈에 잘 뜨이는 위치, 가장 높거나 낮은 위치, 안쪽 또는 깊숙한 공간 등이다.

연설을 위한 단상, 공연무대, 한옥주택의 사랑채와 안채, 사당의 배치, 사찰의 배치 등에서 찾아볼 수 있다.

그림 20. 크기와 위치에 의한 위계가 사용된 디자인

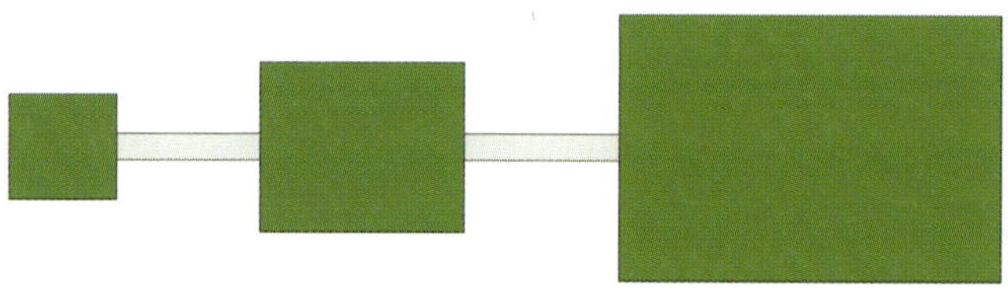

10. 기준과 축(Axis)

기준(Standard)이란 기본이 되는 표준을 의미하는 것으로, 여러 가지 물체나 행동 등을 분류하기 위해 사용되는 것이다. 물론 분류를 위한 기준은 색깔, 모양, 크기, 재료 등 매우 다양하다.

디자인에서 도입되고 사용되는 기준(Standard) 또는 축(Axis)이란, 형태와 공간을 구성하는 가장 기본적인 원리이자 수단이 되는 중심의 성격을 갖는다.

이 중심 또는 기준이 되는 축은 공간 속에 만들어지는 하나의 선이 될 수도 있으며, 점이나 면이 될 수도 있다. 그리고 그것을 중심으로 어떤 형태나 공간들이 규칙적 또는 불규칙적으로 구성되게 되는 배치 원칙이 된다.

특히 축은 하나의 기준으로써의 효과를 갖는다. 그러나 기준이라고 해서 언제나 직선이어야 하는 것은 아니며 대칭선이 되어야 하는 것도 아니므로, 대칭이나 균제와는 다른 디자인 구성원리라 하겠다.

또 일반적으로 중심이 되는 기준선이 사용되지만, 선의 두께와 길이 그리고 방향에 따라 디자인이 변하게 되며 시각적 이동성 유무도 나타나게 된다.

축의 조건으로는 중심성이 있어야 하며 도입부와 종단부에 마무리 역할을 하는 요소가 존재하게 되면 강한 중심성과 방향성을 보유하게 된다. 즉 기준이 되는 축의 연장선상에 조형물이 배치되는 경우에는 강력한 이미지로 작용할 가능성이 매우 높다.

그러므로 랜드마크(Landmark) 같은 상징물을 계획적으로 배치하는 경우 또는 시선을 집중시키는 강조효과의 도입이 필요한 경우에 자주 사용되는 디자인 원리이다.

IV

색채와 디자인

1. 색채(Color)

색채는 물체가 갖는 고유의 색으로, 물체가 빛을 받을 때 빛의 파장에 따라 그 표면에 나타나는 특유의 빛을 의미한다. 빛이 물체에 닿으면 일부는 흡수되나 흡수되지 않고 반사되는 빛도 있다. 이 반사되는 빛이 우리 눈에 들어오게 되면 색을 느끼게 되는 것이다. 따라서 빛이 없다면 우리는 색채를 느낄 수 없다.

물론 인간들이 세상에 존재하는 반사광을 모두 인식하는 것은 아니다. 물리적으로 인간이 볼 수 있는 파장의 범위는 380~780nm까지로 이것을 가시광선(Visible light, 可視光線)이라 한다. 그리고 파장이 780nm보다 긴 반사광을 적외선(Infrared ray, 赤外線), 파장이 380nm보다 짧은 반사광을 자외선(UV-rays, 紫外線)이라 한다.

1) 색의 3속성

색채를 나타내는 표기방법에는 색상, 채도, 명도가 있으며 이것을 색의 3속성이라 한다. 색상은 빛의 파장과 밀접한 관련이 있는 색의 속성이다. 채도는 빛의 선명도를 표시하며, 명도는 빛의 밝기를 나타내는 지표이다.

① 색상(Hue, 色相, H)

색상이란 색채의 종류를 나타낸다. 다른 색과 구별되는 그 색만이 갖는 성질로 물리적인 색이나 빛의 파장 정도에 의해 달리 나타나는 색을 말한다. 파장차이에 의해 나타나는 유채색에서만 볼 수 있는 색이다.

② 명도(Value, 明度, V)

명도란 색의 밝고 어두운 정도를 척도화하여 나타낸 색의 속성이다. 명도는 빛의 반사율에 의해 달라지는데, 반사율이 높으면 명도가 높아지고 낮으면 명도가 낮아진다. 하양색(Wh, 백색)은 명도가 가장 높은 색이며, 검정색(Bk, 흑색)은 명도가 가장 낮은 색이다.

무채색인 검정색의 명도를 0으로 하고, 하양색을 10으로 하여 11단계로 나누어 놓은 것이 명도의 기본단계이다. 명도 번호가 클수록 밝은 색이며, 명도가 낮을수록 번호도 적고 색이 어둡다.

③ 채도(Chroma, 彩度, C)

채도는 색의 순수한 정도 즉 색의 선명함 내지 혼탁함을 나타내는 지표로, 색의 강약을 나타낸다.

순색에 가까울수록 채도가 높으며, 다른 색을 혼합할수록 채도가 낮아진다. 가장 낮은 단계의 채도는 1이며, 가장 높은 단계의 채도는 14로, 총 14단계로 분류된다.

2) 색채의 종류

색채를 크게 나누면 무채색과 유채색의 두 가지로 분류된다.

무채색(Achromatic Color, 無彩色)이란, 명도는 있으나 색상과 채도가 없는 색이다. 하양색, 회색, 검정색이 무채색에 해당되는 색이며, 밝기만 있고 색조는 없다. 따라서 유채색보다 차분하고 조용한 느낌을 준다.

검정색은 모든 빛을 흡수하는 색이며, 반대로 하양색은 모든 빛을 반사하는 색이다. 무채색은 밝을수록 차갑고, 어두울수록 따뜻하게 느껴진다.

표 1. 무채색(Achromatic Color)의 기본색

색 이름	영문표기	약어
하양색(백)	White	Wh
회색(회)	Grey, Gray	Gy
검정색(흑)	Black	Bk

고명도는 차가운 느낌을 주고, 중명도는 중성적인 이미지를 준다. 그러나 저명도의 무채색에서는 따뜻한 색 이미지가 있어 검정에 가까워질수록 난색으로 작용한다. 무채색의 약자는 N(Neutral)이 사용된다.

유채색(Chromatic Color, 有彩色)은 무채색을 제외한 나머지 모든 색으로, 색의 3속성을 모두 가지고 있는 색이다. 유채색에는 순색, 탁색, 청색의 세 가지가 있다.

순색(Full color, 純色)이란 채도가 가장 높은 색상으로, 다른 색이 섞이지 않은 색을 말한다. 청색(淸色, Clear color)이란 맑은 색이라는 뜻으로, 밝거나 어둡기는 해도 탁하지 않다는 뜻이다.

표 2. 유채색(Chromatic Color)의 기본색

색 이름	영문표기	약어	색 이름	영문표기	약어
빨강(적)	Red	R	파랑(청)	Blue	B
주황	Yellow Red	YR	남색(남)	Purple Blue	PB
노랑(황)	Yellow	Y	보라	Purple	P
연두	Yellow Green	GY	자주(자)	Red Purple	RP
초록(녹)	Green	G	분홍	Pink	Pk
청록	Blue Green	BG	갈색(갈)	Brown	Br

청색에는 명청색과 암청색의 두 가지 유형이 있다.[1] 명청색은 순색에 흰색을 섞은 색을, 암청색은 순색에 검정을 섞은 색을 말한다.

탁색(Dull color, 濁色)이란, 순색이나 청색에 회색을 섞은 색으로 채도가 낮다.

3) 색채의 표기

① 한국산업규격(KS)의 기본색 명칭 및 표기법

색채표준이란, 색채를 정량화하여 사용하기 위한 규정으로 우리나라 한국산업규격(KS)을 사용하고 있다.

색채는 색상, 명도, 채도의 3속성을 이용하여 표시하며, 우리나라에서는 먼셀표색계(Munsell)를 1905년 한국공업규격(KS A0062)에서 채택하여 교육용으로 사용하고 있다.[2]

② 먼셀 표색계(Munsell Color System)

먼셀 표색계란 1905년 미국의 알버트 먼셀(Albert Henry Munsell)이 창안한 색 체계로, 국제표준화기구(International Organization for

그림 1 . 먼셀의 색상환

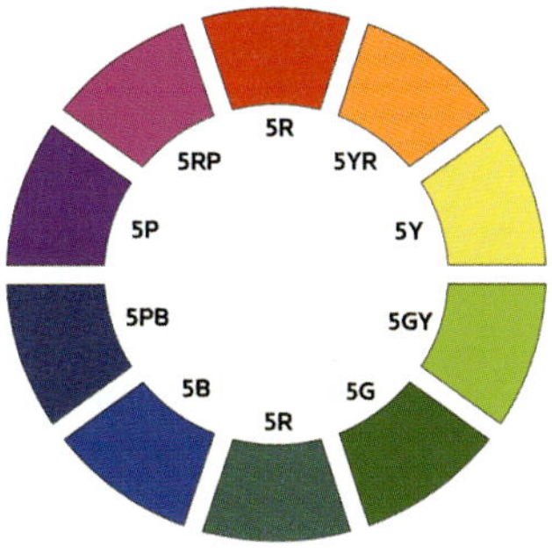

그림 2 . 먼셀의 색입체

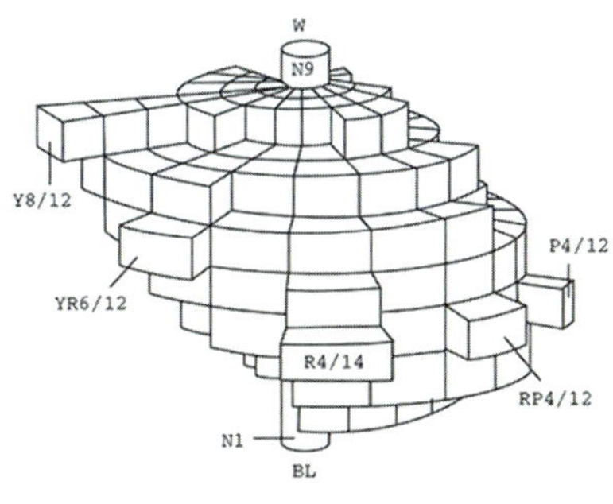

Standardization, ISO)에 등록되어 널리 사용되고 있는 대표적인 색 체계이다.

먼셀의 색상환에서는 색상을 빨강(R), 노랑(Y), 초록(G), 파랑(B), 보라(P)의 5가지 색으로 나누고 그 사이에 주황(YR), 연두(GY), 청록(BG), 남색(PB), 자주(RP)의 10가지 색을 기본으로 하고 있다(그림 1).

그리고 다시 10색상을 등간격으로 10등분하여 100개의 색으로 나눈다. 각 색상의 5번째 색상이 대표색이며(5R, 5Y, 5G, 5B, 5P) 색상환에서 원주의 반대편에 있는 색은 보색관계의 색이다.

색의 3속성을 3차원 입체로 표현하고 세로축에 명도, 주위의 원주

그림 3 . 먼셀의 표준 20색

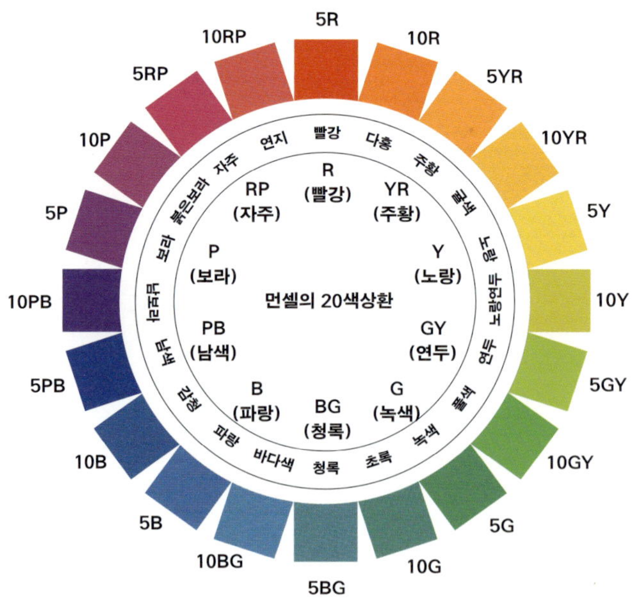

상에 색상, 중심 가로축에서 방사상으로 채도를 구성한 것이 먼셀의 색입체이다(그림 2).

채도는 중심축에서 수평방향으로 멀어질수록 높아지게 되는데, 무채색 축의 채도는 0으로 바깥쪽으로 갈수록 채도가 높은 순색이 된다.

색의 표기는 색상, 명도/채도의 순으로 즉 HV/C로 표현한다.

예를 들면 5Y8/10이란, 색상은 5번째 대표 노랑색으로 명도 8, 채도는 10인 색을 표시한다.

③ 오스트발트 표색계 (Ostwald Color System)

1916년 오스트발트(Wilhelm Friedrich Ostwald)가 창안한 표색계로 그의 색 체계는 순색, 백색, 흑색을 3원색으로 한 혼합색에 기조를 두고 있다.

오스트발트의 색상에서 보색관계를 성립시키는 대표색은 24종이다. 이 색상환의 기준색은 황색(Yellow), 적색(Red), 남색(Ulteramarine blue, 짙은 남빛), 청록색(See green, 해록색)의 4색이며, 그 중간에 주황색(Orang), 청색(Turquoise, 터키옥색), 자색(Purple), 황록색(Leaf green, 엽록)을 배치하면 8색이 기본색상이 된다.

8개의 색 각각을 다시 3등분하게 되면 총 24개의 색상으로 분류된다(그림 4).

먼셀의 색채계가 색의 3속성에 따른 체계적인 배열이라면, 오스트발트의 색채계는 색량(色量)의 많고 적음에 의하여 만들어진 것으로 혼합한 색량의 비율에 의하여 만들어진 색채계라 할 수 있다.

오스트발트의 색입체는 3각형을 회전시켜 만들어지는 원뿔 2개를 위아래로 붙여놓은 모양으로 주판알과 같은 복원뿔체이다. 정삼각형의 꼭지점에 순색, 흰색, 검정을 배치한 3각 좌표를 만들고 좌표 안에 위치한 색들은 이들 3색의 혼합비에 의하여 표시한다.

기본이 되는 색은 모든 빛을 완전하게 흡수하는 이상적인 흑색을 B로, 모든 빛을 반사하는 이상적인 백색을 W로 표기하고, 아울러 이상적인 순색을 완전색 C로 표현하여 작성한 입체이다(그림 5).

그림 4. 오스트발트의 색상환

그림 5. 오스트발트의 색입체

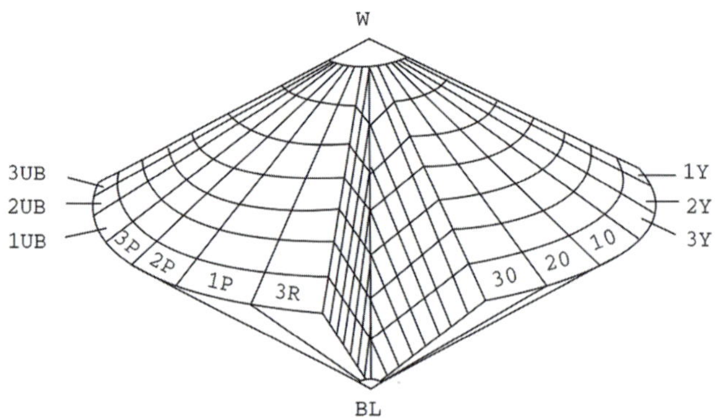

2. 한국인의 색

색의 사용과 색에 대한 인식은 사람마다 다르다. 또 색에 대한 선호도 역시 시간의 흐름과 주어진 상황에 따라 변해간다.

인류가 지금까지 발견하고 사용해왔던 색들을 살펴보면, 그 지역의 기후나 지형조건 등과 밀접한 관계가 있으며, 그들의 생활환경 범주 내에서 색의 취사선택과 새로운 발견과 제작이 이루어져 왔던 것으로 보인다.

특히 나라마다 전통적으로 전해 내려오는 고유의 색이 존재하며, 사용되어 왔던 색채들이 각기 다르다는 것을 보면, 그 지역의 자연환경과 문화나 종교 등의 요인이 색에 대한 의식에 많은 영향을 준 것 같다.

한 나라의 고유한 색, 즉 전통색이란 오랜 시간 특정지역에서 사용되어 그 민족의 정체성을 나타낼 수 있는 색을 뜻한다. 환경과 생명을 존중하고 자연과의 조화를 추구해왔던 한국인들에게도 예부터 모두가 함께 사용하고 공유해왔던 전통적인 색이 있다. 그리고 과거 동양문화권의 주요 사상으로 정착되어 있던 음양오행설은 한국인들의 색의식과 전통적인 색채문화에 많은 영향을 미쳤던 것으로 보인다.

음향오행설에 기초한 전통색은 단순히 시각적으로 선호하는 색채의 선택과 사용이라기보다는, 전통적으로 내려온 사상이나 오행설 등에 따른 의미부여에 더 큰 비중을 두고 있다. 이처럼 우리민족의 생활과 관련된 사상과 의식들이 함께 어우러져 한국인들의 색채의식에 많은 영향을 주었다.

한국의 전통색은, 음과 양의 기운이 생겨나 하늘과 땅이 되고 다시 음양의 두 기운이 목(木), 화(火), 토(土), 금(金), 수(水)의 오행을 생성하였다는 음양오행(陰陽五行) 사상을 근간으로 하고 있다.

그리고 이 사상에 근거한 오행설에는 방위에 따른 색 즉 오방색(五方色)이 존재한다. 오방이랑 사방과 중앙의 5향을 의미하는 것으로, 중앙은 황색, 청색은 동향, 백색은 서향, 적색은 남향, 흑색은 북향을 뜻한다(표 3).

그런데 우리 선조들은 오행 중 어느 하나가 너무 강하면 화가 생긴다고 믿어왔다. 그런 이유로 오행의 상생과 상극을 맞추는 방식으로 색의 조화를 고려하여 사용해왔다.

예를 들면 화(火, 불)의 기능이 너무 강하면 수(水, 물)의 기능을 사용하여 조정을 해주는 식이다. 이처럼 색을 사용함에 있어서도 중용의 원리 즉 조화의 원리에 충실하여 과하지도 모자라지도 않게 색을 적절히 선택하고 이용해 왔다.

표 3. 음양오행으로 구분한 색채와 방위 등의 성상

오방위(五方位)	오색상(五色相)	오행(五行)	오시(五時)	오관(五管)	오상(五常)
동(東)	청색	목(木)	봄	눈	인(仁)
서(西)	백색	금(金)	가을	코	의(義)
남(南)	적색	화(火)	여름	혀	예(禮)
북(北)	흑색	수(水)	겨울	귀	지(智)
중앙(中央)	황색	토(土)	사계	몸	신(信)

1) 오방색(五方色)

오행사상을 상징하는 색을 오방색이라 한다.

오행설은 목, 화, 토, 금, 수 등 5요소의 변화로 만물의 생성소멸을 설명하는 이론이다. 동쪽은 청색, 서쪽은 흰색, 남쪽은 적색, 북쪽은 흑색, 가운데는 황색이다.

동방은 태양이 솟는 곳으로 나무가 많아 푸르기 때문에 청색을 상징하고 봄을 의미하며 양기가 강하다. 서방은 쇠가 많다고 백색으로 표현하였고, 가을을 의미하며 음기가 강하다. 남방은 해가 강렬해 적색이고 양기가 왕성한 여름을 의미한다. 북방은 깊은 골이 있어 흑색이고 겨울을 의미한다. 중앙은 땅의 중심으로 황색을 의미한다. 오정색, 오색, 오채라고도 하며 양(陽)의 기운을 갖는 색이 오방색(五方色)이다.

또한 오방색 사이의 해당하는 중간색으로 음(陰)의 기운을 갖는 오

그림 6. 오방색과 5방위

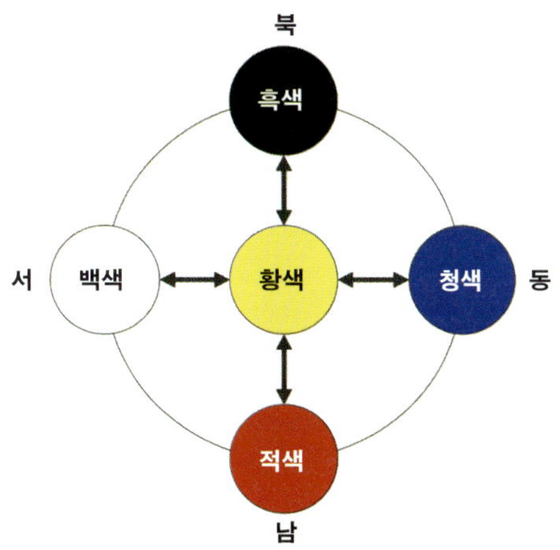

간색(五間色)이라는 것이 있다. 음양오행설에 따른 우리나라 전통색이 갖는 각각의 의미를 살펴보면 다음과 같다.

① 황색(黃色)

- 우주의 중심을 의미하는 황색
- 우리 생활의 기반이 되는 땅(土)의 색을 의미하는 것으로 모든 사물을 조화시키고 관장하는 색
- 고귀한 색으로 백성을 다스리는 왕을 상징하는 색

② 청색(靑色)

- 동측은 태양이 떠오르는 곳으로 만물이 소생하는 봄의 색으로 생명의 근원을 의미
- 무성한 식물을 나타내는 나무(木)로 생명을 상징, 양기왕성을 의미하는 푸른색이 사용
- 복을 비는 색으로 사용

③ 백색(白色)

- 서측은 가을을 의미하며 빛을 상징하는 색
- 태양을 숭배하는 민족들이 신성한 색으로 인식하고 있는 색
- 결백, 순결, 청렴 등을 의미하는 우리민족의 심성과 기질에 부합되는 색

④ 적색(赤色)

- 따뜻한 남쪽을 의미하는 색으로 태양, 불 등에 해당
- 생성과 창조, 정열과 애정, 적극성을 뜻하는 의미
- 적색은 청색과 더불어 주술적 의미가 담긴 벽사(요사스러운 귀신을 물리침, 僻邪)의 색으로 활용
- 예를 들면 팥죽, 부적, 장의 붉은 고추 등

⑤ **흑색(黑色)**

- 햇빛이 들지 않는 곳으로 물이 있어 습한 성질을 지님
- 음한 이미지를 나타내는 추운 겨울 역시 검은색으로 표현함.

2) 오간색(五間色)

오간색이란 음양오행 사상에서 음에 해당되는 색으로 다섯 방위인 동, 서, 남, 북, 중앙에 해당되는 색들 사이에 해당하는 색을 의미한다.

오간색에는 동방 청색과 서방 백색의 간색은 벽색(碧色), 동방의 청색과 중앙의 황색 사이의 간색은 녹색(綠色), 남방의 적색과 서방의 백색의 간색인 홍색(紅色), 북방의 흑색과 중앙의 황색의 사이에는 유황색(硫黃色), 북방의 흑색과 남방의 적색과의 간색으로는 자색(紫色)이 해당된다.

그림 7. 오방색과 오간색

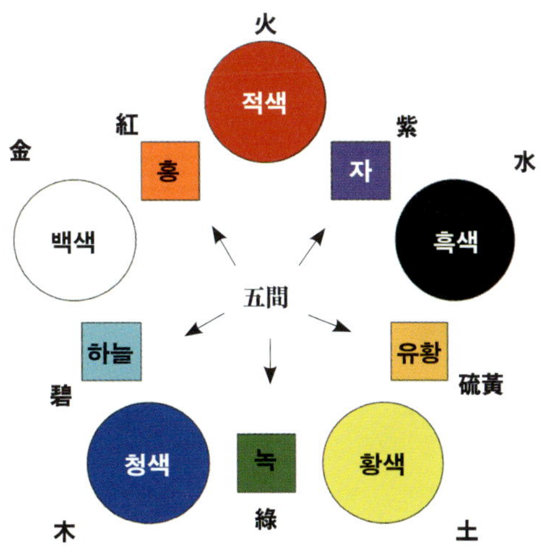

3. 색과 빛의 지각과 인지

색을 구분할 수 있는 동물은 인간뿐 아니라 동물, 곤충, 어류, 조류 등이 있다. 단정짓기는 어려우나 인간을 제외한 동물들에게 색의 인식이란 개체의 생존과 관련된 필수적인 능력인 것으로 보인다.

그러나 사람들에게 있어 색이란 동물들이 보유하고 있는 생존능력뿐 아니라 감정이나 문화 등과도 관련된 다양한 의미를 갖는다.

색에 대한 인간의 지각은 빛을 반사하는 특정파장을 인식하면서 생겨나게 되며 다분히 주관적인 감각이기도 하다. 따라서 우리가 보고자 하는 대상이 반사하는 파장이 다르다면, 당연히 색이 다르다고 인식하게 된다.

게다가 대상의 색은 물리적으로 표현되는 색상, 명도, 채도의 숫자로 우리들에게 인식되는 아니라, 대상이 위치한 주변 환경에 따라 다르게 지각되기도 하고 색의 식별능력에 따라 인지정도가 달라지기도 한다.

이 책에서 다루고자 하는 부분은 특정 제품을 어떤 색으로 디자인할 것인가를 판단하고자 하는 것이 아니다. 이미 주변에 존재하고 있는 대상 또는 새롭게 도입하고자 하는 대상이 그 장소에서 어떤 색으로 지각되느냐 하는 문제로, 이는 공간디자인을 생각하는 사람들에게는 매우 중요한 사안이 된다.

본 장에서는 하나의 색이 갖는 특성이 아니라 둘 이상의 색이 배치되는 경우 상호 영향력 및 색채적응 등에 대한 인간의 지각속성에 대해 살펴보기로 한다.

1) 색의 대비 효과

배경 또는 주위에 있는 색의 영향으로 색의 속성이 달리 보이는 현상을 색의 대비효과라 한다.

색의 대비는 둘 이상의 색을 동시에 볼 때 일어나는 현상으로, 색들이 서로 다른 색에 영향을 미쳐 원색과는 다른 색으로 인지되는 것이다. 색의 대비가 크면 각각의 색을 인식하기 쉽다. 반대로 유사하여 색의 대비가 적다면 상대적으로 색에 대한 인식은 어려워진다.

색의 대비는 동시대비와 계시대비, 연변대비, 면적대비 등으로 나눌 수 있다.

① 동시대비(同時對比)

a. 색상대비(色相對比)

색상이 다른 색과 인접해 있으며 서로 영향을 받아 본래보다 더 큰

그림 8. 색상대비

그림 9. 색상대비

그림 10. 색상대비

색 차이가 나타나는 현상을 색상대비라 한다. 상호 대비되는 효과는 색상 차이가 클수록 즉 색상환에서 멀리 떨어진 색과의 조합일수록 커진다.

색상대비는 서로 대비되는 효과가 생겨 선명하고 경쾌한 색 이미지가 만들어진다. 하지만 지나치게 색상이 대비되는 경우 부조화가 나타나기도 한다.

b. 명도대비(明度對比)

명도가 다른 두 색을 함께 사용하게 되면 서로의 영향을 받아 밝은 색은 더 밝게, 어두운 색은 더 어둡게 보이는 현상이 발생하게 된다. 이를 명도대비라 한다.

그림 11. 명도대비

그림 12. 명도대비

c. 채도대비(彩度對比)

채도 차이에 의해 나타나는 대비현상이다. 채도가 낮은 색과 높은 색이 함께 있으면 상승효과가 나타나 높은 색의 채도는 더 높게, 낮은 색의 채도는 더 낮게 인식되게 된다. 또 같은 채도의 색이라 하더라도 무채색과 함께 배치하면 마치 채도가 높은 것처럼 인식되는 효과가 생긴다.

그림 13. 채도대비

그림 14. 채도대비

그림 15. 채도대비

그림 16. 채도대비

d. 보색대비

보색관계에 있는 두 색을 같이 배치하면 상호 대비효과로 인하여 각각의 채도가 더 높아 보이는 현상이 나타나게 된다. 보색이란 색상환에서 서로 마주하고 있는 색으로, 보색관계인 두 색을 혼합하면 무채색이 된다. 보색대비는 색상대비의 한 종류이다.

또한 이 두 색을 같이 사용하는 경우에는 명도와 채도 등이 더 높게 보인다. 보색은 대비적인 색으로 조화를 이루어내기 어려운 색이긴 하나, 새롭고 현대적인 이미지를 주는 색의 대비조화로 활용되기도 한다.

그림 17. 보색대비

그림 18. 보색대비

그림 19. 보색대비

② 계시대비(繼時對比)

계시대비란 시간 차이를 두고 2개의 색을 순차적으로 볼 때에 생기는 색의 대비현상이다.

색 A를 보고나서 색 B를 보게 되면, B는 A라는 색의 영향을 받아서 원래 B의 색과 다른 느낌으로 인식되는 현상으로, 연속대비 또는 계속대비라고도 한다.

계시대비란 잔상현상의 하나로, 파란색을 본 뒤 즉시 밝은 회색면

그림 20. 계시대비

을 보면 파란색의 보색인 주황색이 잔상으로 보이게 된다. 이와 같이 시차를 두고 연속적으로 색을 볼 때 나타나는 현상을 잔상이라 한다(그림 20).

③ 연변대비(緣變對比)

어느 두색이 맞붙어 있을 때 그 경계부는 멀리 떨어져 있는 다른 부분보다 색상대비, 명도대비, 채도대비 현상이 더 강하게 일어나는 현상을 연변대비라 한다(그림 21).

그림 21. 연변대비

④ 면적대비(面積對比)

같은 색이라도 면적이 커지면 명도나 채도가 높아진다. 따라서 넓은 면적에 사용할 색을 선택할 경우에는 이러한 색의 속성을 고려하여 주의를 기울여야 한다. 즉 명도와 채도를 조절해야 한다. 특히 공간디자인을 시행할 경우에 유의해야 할 사항이다.

또 외부공간에 사용되는 경우 자연광을 포함한 조명에 의한 영향, 재료표면의 질감 등에 따라서 색의 인식이 달라지므로 현장에서 시험적인 점검이 반드시 이루어져야 한다.

같은 면적이라도 명도나 채도가 높으면 넓은 것처럼 보이며 반대로 낮으면 축소되어 보인다. 특히 면적대비의 효과는 면적이 크면 클수록 더 채도가 높아보이므로 사용할 대상면적에 따라 채도를 조정해서 선택하여야 한다(그림 22~27).

중요한 것은 색을 사용할 때에는 원래의 색이 중요한 것이 아니라 사람들에게 지각, 인식되는 색을 대상으로 색채 디자인이 이루어져야 한다는 점을 간과해서는 안된다.

그림 22. 면적대비

그림 23. 면적대비

그림 24. 면적대비

그림 25. 면적대비

그림 26. 면적대비

그림 27. 면적대비

2) 잔상(After Image)

보이던 대상이 사라진 뒤에도 그 시상(時象)이 남아있는 현상 즉 시각 자극이 제거된 후에도 잠시 동안 그대로 남아있는 시각의 상(像)을 잔상이라 한다.

색상에 의하여 망막이 자극을 받게 되면 시세포의 흥분이 중추에 전해져 자극이 끝난 후에도 계속해서 생기는 시감각 현상으로 ①양성잔상, ②음성잔상, ③보색잔상 등이 있다.

① **양성잔상**(정의 잔상)

자극으로 생긴 상의 밝기와 색이 똑 같은 느낌으로 계속해서 보이는 현상

② **음성잔상**(부의 잔상)

자극으로 생긴 상이 밝기나 색상 등이 정반대로 느껴지는 현상

③ **보색잔상**(심리 잔상)

어떤 원색을 보다가 백색면으로 시선을 옮기면 그 원색이 보색이 보이는 현상. 망막의 피로현상 때문에 생기는 현상

3) 명암순응(Luminance Adaptation)

감각기관이 자극 정도에 따라 감수성이 변화되는 상태를 순응이라 한다. 명암순응(明暗順應)이란 빛에 대한 망막 시신경의 순응반응으로, 밝은 곳에서는 빛에 대한 감수성이 떨어지고 어두운 곳에서는 늘어나게 되는 시각현상을 의미한다.

척추동물은 눈으로 빛과 색을 감지하게 된다. 간상체는 눈의 망막

에서 빛을 감지하는 세포를 말하며, 추상체란 망막의 가장 안쪽에 있는 시세포의 하나로 밝은 곳에서 물체를 보는 일과 색을 식별하는 일을 담당한다. 이러한 간상체와 추상체가 자극에 순응하면서 적응을 한 결과 대상을 지각하는 일이 가능해지게 된다.

우리가 밝은 곳에 있다가 어두운 곳으로 이동하게 되면 한참 동안 잘 보이지 않는 것을 느끼게 되는데 이것은 추상체에서 간상체로 넘어가는 순응을 완료하는데 시간이 걸리기 때문이다. 반대로 어두운 곳에서 밝은 곳으로 이동하는 경우에는 간상체에서 추상체로 넘어가는 순응이 이루어지게 된다.

사람이 어두운 곳에서 밝은 곳으로 이동하게 되는 경우 눈이 순응하는 현상을 명순응(Light Adaptation, 明順應)이라 한다. 반대로 밝은 곳에서 어두운 곳으로 이동하는 경우 나타나는 현상을 암순응(Dark Adaptation, 暗順應)이라 한다.

일반적으로 명순응에는 1분 내외의 짧은 시간이 소요되는 반면, 암순응에는 약 30분 정도의 순응시간이 필요하다. 즉 밝은 곳에 익숙해지는 명순응에 비해 어두운 곳에 익숙해지는 암순응이 훨씬 더 늦게 일어난다는 것이다. 그리고 암순응이 진행되는 과정에서는 간상체 활동이 활발해지고 추상체는 거의 활동하지 않는다. 그런 까닭에 색의 식별은 불가능하며 명암 감각과 형태만을 느낄 수 있는 것이 암순응이다.

이와 같은 명암순응이라는 시각속성을 적용한 디자인 기법이 있다.

도로조경에서 운전자의 시각특성을 고려한 명암순응 식재가 바로 그것으로, 명암순응 식재란 터널 출입구 부근에 어두운 갱내(터널 내부)와 밝은 터널 진입부와의 명암대비를 완화시키기 위해 터널입구

주변에 행하는 식재수법을 말한다.[3)]

구체적인 식재방법을 보면, 터널로 들어가는 도로 주변에 수목을 식재하게 되는데, 도로 양측 및 중앙분리대에 수목을 식재하여 주변에서 도로로 들어오는 빛을 차단하는 효과를 얻어낼 수 있도록 하는 방식이다. 수목을 식재하는 구간은 터널진입 전 200~300m에서 부터 입구까지 식재하는데 터널에 가까워질수록 수목의 간격을 좁혀감으로써 들어오는 빛의 양을 점차 줄여주는 기능과 속도조절의 효과가 나타난다. 다만 명암순응에 도움을 줄 목적으로 식재되는 수목은 상록교목을 선택하여 계절변화와 무관하게 본연의 기능이 유지될 수 있도록 디자인한다.

상하행선이 분리된 도로에 조성된 터널의 경우에는 각 도로별로 조성하도록 한다. 암순응에는 어느 정도의 적응시간이 필요하므로 도로주변의 상황 및 도로폭, 차량제한 속도 등 도로의 상황에 따라 식재구간의 길이를 조정하도록 한다.

그러나 명순응에는 적응시간이 별로 필요치 않으므로 크게 문제는 되지 않는다. 다만 도로 주행시 터널 주변의 식재상태는 좌우대칭을 이루는 것이 운전자에게 균형감과 안정감을 주는 식재디자인이 될 수 있으므로, 명순응과 암순응 구간을 구분하지 않고 동일하게 식재하는 것이 일반적인 디자인기법이다.

최근 조성되는 터널의 경우 입구를 경사형태로 만들어 구조물 자체가 빛을 조절하는 방식을 채택하는 경우가 많은데, 이와 같이 입구형태를 조정하여 빛의 투입량을 서서히 줄여주는 방식도 명암순응에 대응할 수 있는 바람직한 디자인 기법의 하나이다.

4) 푸르키니에 현상 (Purkinje phenomenon)

체코의 의사 푸르키니에가 해가 지면서 어두워지게 되자 유화그림에 사용된 색채 중 적색과 황색계통의 색상은 흐려지고, 청색계통은 선명하게 인식되는 것을 보고 발견한 현상이다.

푸르키니에 현상이란 파장이 긴 장파장역의 색인 적색이나 황색계통의 빛은 어둡거나 희미하게 보이고, 파장이 짧은 단파장역의 색인 청색이나 녹색계통은 밝게 보이는 색에 대한 시각적인 착시현상을 말한다.

예를 들면 해가 지면서 주위가 어둑어둑 해질 무렵이 되면 낮에 화사하게 보였던 빨간 꽃은 거무스름하게 어두워 보이고, 그 대신 연한 파랑이나 초록의 물체들은 밝게 보이는 시각현상이 일어나게 되는데 이를 푸르키니에 현상이라 한다.

4. 색채의 감정 효과

색채가 갖는 심리적인 효과 즉 감정효과는 색의 3속성 및 색이 갖는 다양한 의미에 의해 나타난다. 우리가 잘 알고 있는 색채의 감정효과로는 따뜻한 느낌을 주는 난색과 차가운 이미지의 한색을 들 수 있으며, 무거워 보이는 색과 가벼운 느낌을 주는 색도 있다. 그 외에도 커보이는 색, 진출하거나 후퇴감이 느껴지는 색, 자극이 강한 색, 식별성이 높은 색 등 색채가 보유하고 있는 효과는 매우 다양하다.

색채가 갖는 이미지와 감정효과 등에 대해 자세히 살펴보자.

1) 온도감(Color Temperature)

색채에는 따뜻한 느낌을 주는 난색(Warm Colors, 暖色)과 차가운 느낌을 주는 한색(Cool Colors, 寒色)이 있다. 색상환에서 보면, 빨강, 주황, 노랑 등의 적색계통이 난색이며, 파랑, 남색, 청록 등 청색계통이 한색에 해당된다. 난색은 교감신경을 자극하여 흥분을 일으킨다고 하며, 한색은 차분함과 안정감을 주어 진정색이라고도 한다.

난색 중 가장 따뜻한 느낌을 주는 색은 적색을 띤 주홍색이다. 그 다음 적색, 주황색 등이 따뜻한 이미지를 주는 대표적인 색채로 꼽힌다.

뚜렷한 온도감이 느껴지지 않는 중간색으로는 녹색과 보라색을 들 수 있다. 이 중간색은 상황에 따라 따뜻함과 시원함이 느껴지기도 하는 중성적인 이미지의 색채이다. 온도감은 색의 3속성 중 색상에 가장 큰 영향을 받는다. 무채색의 경우는 저명도의 색은 따뜻한 느낌이, 고명도의 색은 상대적으로 시원한 이미지를 주게 된다.

색채의 온도감을 활용한 사례로는, 수도꼭지의 색이 찬물은 청색, 뜨거운 물은 적색으로 표시되어 있는 것 등을 들 수 있다.

2) 자극감(Color Stimulus)과 시간감(Sense of Time)

색채에 따라 인간에게 주는 자극이 달라지기도 한다. 즉 색채에는 사람을 흥분시키거나 때로 마음을 진정시켜 침착하게 만들어주는 효과가 있다. 일반적으로 고채도의 난색은 심리적인 자극을 주어 흥분을 일으키는 효과가 생겨나며, 저채도의 한색은 자극이 낮은 색으로 침착함을 주는 효과가 있다.

불(火)이나 피(血)를 상징하는 빨강은 열이나 고통을 의미하는 색채이다. 반면 물(水)이나 얼음(氷)을 나타내는 청색, 투명색은 차가움을 상징하는 자극감에 관여되는 색채이다.

자극이 강한 색채를 사용하면 자극에 의한 피로도가 높아져 실제 시간보다 더 오래 머문 것처럼 느껴지는 효과가 있다. 따라서 다른 곳으로 이동하고 싶은 충동이 일어난다.

자극이 둔하거나 적다고 느껴지는 색채는 보라색, 녹색 등이다. 그 중 녹색은 자극이 적을 뿐 아니라 안정감을 주는 대표적인 색채이다.

자극이 약하거나 안정감을 줄 수 있는 색채를 사용하게 되면 쾌적성이 높아지고 피로도가 낮아지는 현상이 발생하여 정체시간이 길어지는 효과가 생긴다. 이는 우리가 야외에 나가서 녹색 나무와 푸른 하늘을 보게 되면 금방 시간이 흘러가버리는 것 같은 느낌을 받는다는 데서 확인할 수 있다. 이처럼 자극이 적은 녹색은 자연에서 가장 흔하게 접할 수 있어 친밀감이 느껴지는 색채이다. 그러나 녹색은 인위적으로 만들어내기는 매우 어려운 색채 중 하나이다.

자극감은 색상과 관련이 깊기는 하나 채도나 명도에도 큰 영향을 받는다. 일례로 선홍색 피는 매우 자극적이며 흥분과 긴장을 불러일으키는 높은 채도의 적색이나, 채도가 낮은 검붉은 색에서는 자극감이 급격히 떨어지는 것을 확인할 수 있다.

자극이 강해 피로도가 높아지는 색채는 난색계 색상이, 명도는 중명도, 순색, 고채도가 사용된 경우이다. 편안하고 안정적인 공간을 만들어내고 싶다면 녹색이나 보라색 등 자극이 적은 색을 선택하는 것이 좋다. 반대로 빠른 이동과 활발함을 주기 원한다면 자극이 큰 적색이나 진노랑, 청색 등을 사용하여 짧은 순환주기를 유도해내면 된다.

3) 중량감(Color Weight)

밝은 색채는 가볍게 느껴지며 어두운 색채는 무겁게 느껴지게 되는데 이를 색채의 중량감 또는 무게감이라 한다.

뭐니뭐니 해도 색의 중량감에 가장 큰 영향을 미치는 것은 명도이다. 일반적으로 명도가 6이상인 경우 경량감이 느껴지며, 명도 5이하인 경우 중량감이 증가된다.

또 중량감은 색상과도 관련이 있는데, 난색은 가벼운 느낌이 드는 반면 한색계열은 무거운 느낌을 주는 경향이 있다. 한편 동일한 대상이라 하더라도 표면상태에 따라 색채가 주는 이미지 역시 달라진다. 표면이 건조한 상태로 있는 것은 가볍게, 젖어있는 것은 무겁게, 윤기나 광택이 있는 것은 무겁게 느껴진다. 색채가 갖는 중량감을 이용하여 안정적인 느낌을 주려면 위에는 가벼워 보이는 색을, 아래쪽에는 무거워 보이는 색을 사용하면 된다.

그러나 의도적으로 바꾸어 사용하는 경우도 있는데 이러한 색채디자인을 사용하면 역동적이고 현대적인 느낌을 줄 수 있다.

옛 벽화나 그림 등에서 백마와 흑마가 등장하는 것을 자주 볼 수 있는데, 평야를 힘있게 달리는 흑마의 모습에서 중후하고 힘찬 무게감을 느꼈던 기억이 있을 것이다. 그러나 하늘을 날아오르는 전설의 말이 묘사된 그림에서는 모두 흰색 말 즉 백마가 그려지고 있어 백색과 흑색이 주는 중량감에 대한 이미지를 재확인할 수 있다. 하늘에 있는 천사는 흰색으로 지하세계에 있는 악마는 검은색을 표현되는 것도 색이 상징하는 중량 및 위치와 관련된 이미지를 주는 색채라 하겠다.

중량감은 안정감과도 관련이 있는 색채 감각이다. 옷을 입거나 벽에 페인트를 칠하는 경우에는 상단은 가벼운 느낌의 밝은 색을, 하단에는 무게감을 주는 진하고 어두운 색을 선택하는 경우가 많은데 이는 색의 무게균형을 맞추어 안정감을 주기 위한 색채디자인에 해당되는 것이다.

그림 28. 아래에 무거운 느낌의 색이 배치되면 안정적인 느낌을 준다

그림 29. 위에 무거운 느낌의 색이 배치되면 불안정한 느낌이 든다

4) 거리감

색의 거리감은 진출과 후퇴로 생각할 수 있다.

우리들은 밝은 색은 진출하는 느낌, 어두운 색은 후퇴하는 것처럼 인식한다. 이러한 지각현상은 통상적으로 밖으로 튀어나온 면은 밝고, 안쪽으로 들어가 있는 부분은 어둡다고 보아온 경험에 기인한 연상작용 때문이다. 거리감은 색상보다는 명도가 크게 작용한다.

차가운 색(한색)이나 명도가 낮은 색은 내부로 위축되는 성격이 있는 후퇴색이 되며, 따뜻한 색(난색)이나 명도가 높은 색은 외부로 확산되는 이미지를 갖는 진출색이 된다.

그림 30. 중심부가 튀어나와 보임

그림 31. 중심부가 들어가 보임

그림 32. 앞으로 진출하는 느낌

그림 33. 뒤로 후퇴하는 느낌

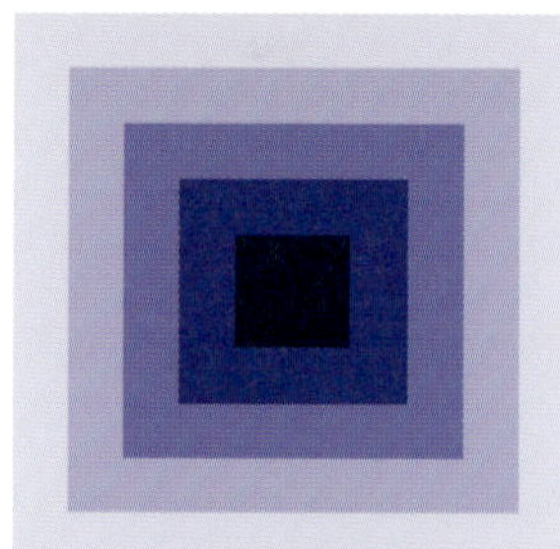

5) 대소감과 경연감

색채 중에는 실제 크기보다 커 보이는 색도 있고, 반대로 작아 보이는 색도 있다. 밝고 부드러워 보이는 연한색은 실제보다 확대, 팽창되어 보이며 부드러운 느낌을 준다. 반대로 어둡고 단단해 보이는 진한 색은 실제보다 축소, 수축되어 보이는 경향이 있다.

난색, 밝은 색, 연한 색, 고명도의 색 등은 확대되어 보이는 팽창색이 되며, 한색, 어두운 색, 진한 색, 저채도의 등은 축소되어 보이는 수축색이다.

대소감과 경연감은 상호 관련성이 깊다.

경연감이란 단단함과 부드러움을 의미하는 것으로 색에 따라 다른 이미지를 주게 된다. 명도가 높으면 부드러운 느낌이 들며 명도가 낮아지면 단단한 느낌이 든다. 색상의 경우 밝고 탁한 색에서는 연감이, 어둡고 선명한 색에서는 경감이 드는 경향이 있다.

6) 명시성과 주목성

어떤 대상이 다른 것과 구별되는 속성을 명시성 또는 식별성이라 하며, 색채를 이용하여 조정할 수 있다.

일반적으로 명시성이나 주목성, 상징성을 높이기 위해서는 대상물과 배경에 사용되고 있는 색을 조정하는 것이 배색 디자인의 포인트가 된다. 명시성은 대상과 배경의 색이 확연히 다를수록 커지며 또 잘 인식되는 특성을 갖게 된다. 따라서 이러한 배색은 정보를 효과적으로 전달하는데 이용되며, 명도 차이가 클수록 멀리서도 잘 보이는 등 시인성 역시 높아진다.

사람의 시선을 끌도록 유도하기 위해서는 빨강, 주황, 노랑 등을 사용하되 배경색과의 명도차이가 커지는 색을 이용하는 것이 좋다.

그러나 녹색이나 파랑색 등은 상대적으로 명시성이 떨어지는 경향이 있다. 물론 녹색이나 파란색을 쓰더라도 배경색과 차이가 크다면 눈에 잘 뜨이는 배색이 될 수도 있다.

교통표시판이나 안전시설, 주의를 끌기 위해 설치되는 경고문, 안내시설 등에도 색을 활용하여 디자인하면 상승효과를 낼 수 있다.

또한 눈에 잘 뜨이기 위해서는 대비적인 배색을 이용하거나 의도적으로 거부감을 주는 이질적인 색을 사용하는 것도 효과적이다. 예를 들면 뱀의 표피 색이나 무당벌레의 배색 등이 그에 해당한다.

위험을 나타내는 경고표시, 교통표시판, 속도 방지턱 등에 자주 사용되는 흰색과 적색의 조합이나 노란색과 검은색 등의 조합이 이에 속한다.

5. 배색 디자인

색의 구성이나 배치를 활용한 색채디자인 기법으로, 배색 균형, 배색 리듬, 배색 분리 등을 생각할 수 있다.

1) 배색 균형

배색 균형이란 배색을 할 때 색의 경중, 강약, 색의 면적 및 용적 등에 균형감을 유지하도록 하는 디자인 기법이다. 특히 배색된 색채의 형태와 배치에 의해 균형상태가 달라보이게 된다.

① 색의 무게감을 활용한 배색 균형

색의 무게감은 명도와 관계가 깊다. 명도가 같고 면적이 동일하면 균형감이 만들어지며, 명도 차이가 있는 배색에서는 불균형이 나타난다.

그림 34. 무게감을 활용한 배색 균형

그림 35. 무게감을 활용한 배색 불균형

② 색의 강약에 의한 배색 균형

색의 강약감은 색의 농담과 직결된다.

강약감은 색상과는 무관하며 명도 및 채도와 관련성이 깊다. 명도가 높은 연한 느낌의 색은 가볍게 느껴지며, 명도가 낮고 진한 색은 무거운 느낌을 준다.

따라서 농담을 활용한 균형감을 만들어내기 위해서는 중심점에서 좌우의 무게가 동일하게 느껴지도록 색의 농담이나 위치를 조정하여 배치한다. 균형의 개념은 좌우의 수평감이 일반적이나 상하의 수직감도 포함된다.

그림 36. 색의 강약에 의한 배색 균형(수평감)

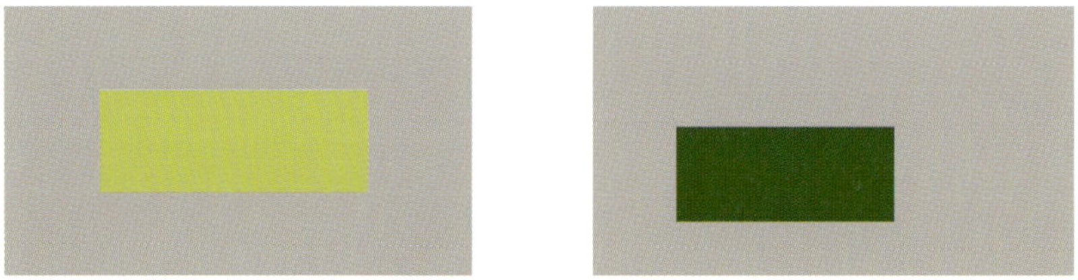

그림 37. 색의 강약에 의한 배색 균형(수직감)

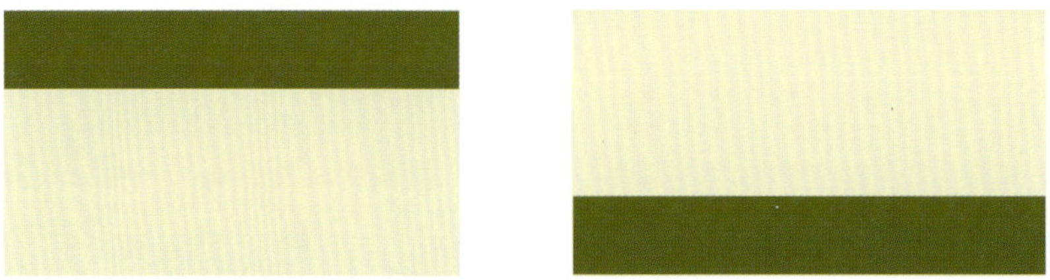

③ 색의 자극 정도에 의한 배색 균형

색에 의한 자극은 순색이냐 탁색이냐에 따라 달라진다.

순색은 자극이 강하며 탁한 색은 부드러운 느낌이 있어 자극이 약하다. 또 자극 정도는 색의 면적과도 관계가 깊은데, 일반적으로 면적이 적은 경우 배색균형을 만들어내기 쉬워진다.

색상에 따라서도 자극은 달라진다. 즉 난색은 흥분되는 성질이 있어 강한 자극을 주는 반면, 한색은 침착함을 주므로 상대적으로 자극이 낮은 배색을 만들어낼 수 있다.

그림 38. 색의 자극을 활용한 배색 균형

그림 39. 색의 자극을 활용한 배색 균형

④ 보색을 활용한 배색 균형

보색을 사용하는 배색은 과거에는 사용되지 않았던 구성방식으로, 현대에서 미래로 이어지는 새롭고 신선한 배색디자인으로 주목을 받고 있다.

보색을 사용하면서 균형을 이루어내기 위해서는 색상대비 이외에 채도, 면적, 형태 등의 조절을 통해서 균형감을 만들어내는 디자인 기법을 도입하여야 한다.

그림 40. 보색을 활용한 배색 균형

2) 배색 리듬

특정한 간격을 두고 배색을 하면 리듬감이 발생하게 된다.

리듬감을 만들어내기 위한 배색 디자인의 기법으로는 반복, 단계, 간격 조정 등이 있다.

① 반복에 의한 배색 리듬

동일한 색상을 반복적으로 배치하는 방법으로, 배색을 통해 리듬감을 만들어내는 기법이다.

단 색상의 반복 배치는 질서감을 주기는하나 최소한의 리듬감을 주는 정도의 배색 디자인이다.

그림 41. 빨강색과 노랑색을 반복적으로 배치한 배색 리듬

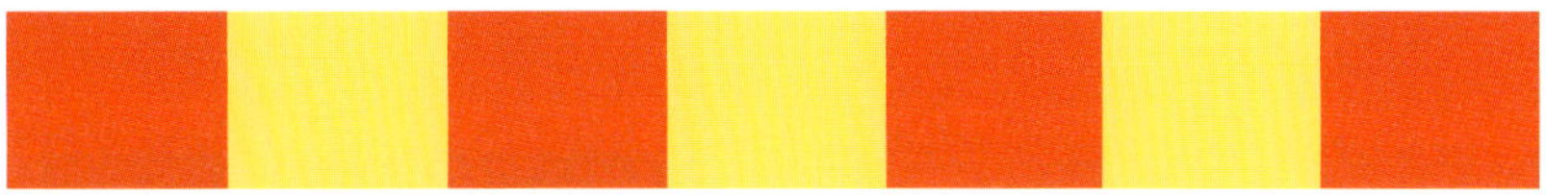

② 단계적 배치에 의한 배색 리듬

색상을 단계적으로 변화시키는 배치방법을 통해 리듬을 만들어 내는 배색 디자인이다. 특히 명도를 위주로 한 단계변화는 균등한 리듬감을 만들어내는 효과적인 배색 기법으로 자주 사용된다.

그림 42. 빨강-다홍-주황-연두-초록색을 단계적으로 배치한 배색 리듬

③ 간격의 조정에 의한 배색 리듬

반복과 단계가 복합적으로 작용하도록 배치하는 배색디자인으로, 복잡한 리듬감이 발생하게 되어 흥미로움을 준다.

배색수법은 주체가 되는 색은 그대로 유지하면서 보조가 되는 색을 단계적으로 점차 변화시켜가는 방식이다.

이 때 배색면적이나 간격 등에 변화를 주면 더 매력적이고 효과적인 리듬감을 만들어낼 수 있다.

그림 43. 주체색을 유지하면서 인접색상에 변화를 준 배색 리듬

그림 44. 명도변화 및 간격조정에 의한 배색 리듬

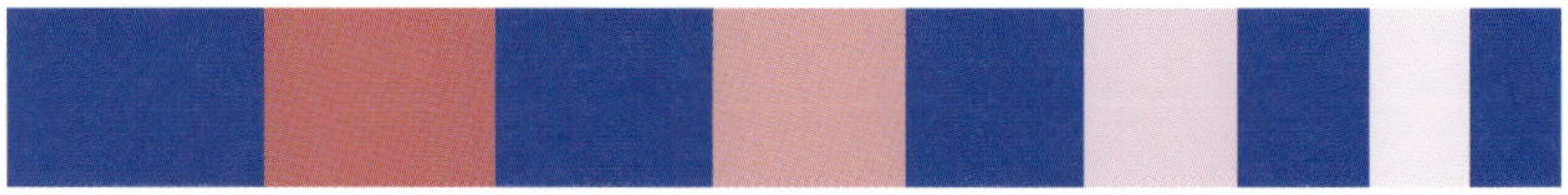

3) 배색 분리

사용되고 있는 대상의 배색이 유사조화로 변화가 부족한 경우 또는 대비조화를 이루고 있어 지나친 불균형이 나타나는 경우에 배색 분리라고 하는 기법을 도입하여 표현하는 배색디자인이다.

배색 분리방법에는, 무책색을 사용하는 방법, 유채색을 사용하는 벙법 그리고 금·은색을 사용하는 방법 등이 있다.

① 무채색에 의한 배색 분리

백색, 회색, 흑색 등 무채색을 중간에 사용하면 균형이 잡혀 색채미가 발생한다.

그림 45. 배색 불균형을 백색과 회색 등 무채색을 사용하여 분리한 배색 디자인

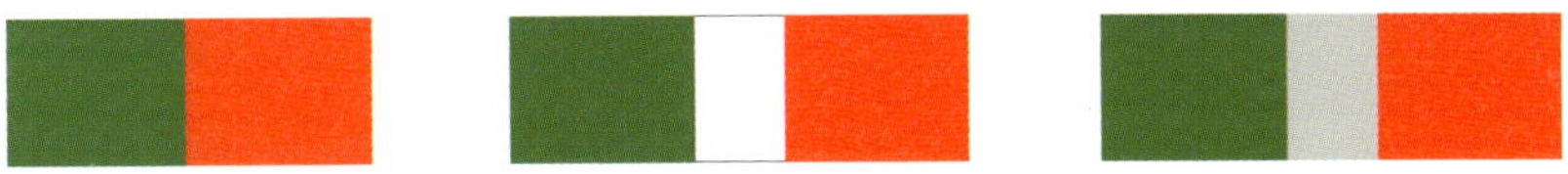

② 유채색에 의한 배색 분리

a. 유사조화 : 대비색이나 명도차가 있는 색을 쓰면 효과적이다. 예)초록색-담자색-연두색

b. 대비조화 : 두 색상의 중간 색상을 이용하면 조화를 얻어낼 수 있다. 예)주황색-초록색-파랑색

그림 46. 베섹 불균형을 유채색을 사용하여 분리한 배색 디자인

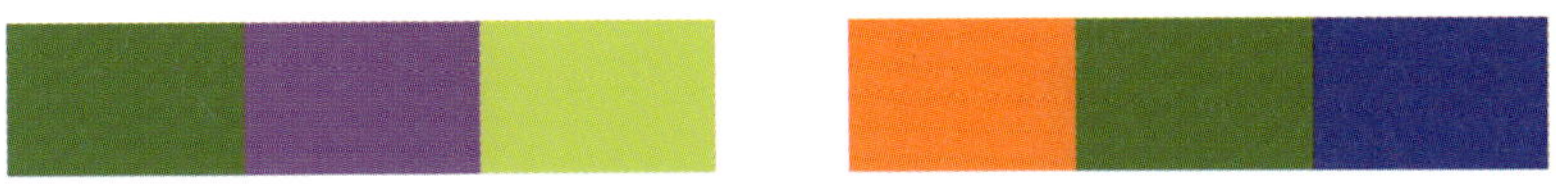

③ 금속색에 의한 배색 분리

금색이나 은색 등의 철물 즉 철소재에서 나타나는 금속성 색에 의한 분리방법이다. 사용하고자 하는 색이 인접시설이나 주변 경관 등과 잘 어울리지 않는 경우 사용하는 배색방법이다.

이미 사용되고 있는 색에 추가로 어떤 색을 넣어야 조화를 이룰 수 있을 것인지 아닌지를 판단하기 어렵거나, 적당한 색을 선정하기 어려운 경우에 사용하는 효과적인 배색디자인 기법이다.

이 때 도입된 금속성의 색은 완충색의 역할을 하게 되므로 어느 정도의 조화 및 완화가 가능해진다고 할 수 있다.

또 서로 어울리지 않는 색이 인접해있는 경우, 금속색의 테두리를 넣어서 두 색을 서로 분리시켜주면 무난한 배색조화를 얻어낼 수 있다. 이 방법은 우리주변에서 쉽게 찾아볼 수 있는 배색 분리에 의한 디자인기법이다.

6. 색채와 경관디자인

우리 생활주변에서 찾아볼 수 있는 색채는 다종다양하다.

그것이 자연적으로 만들어진 색이든 사람이 인공적으로 만들어 낸 색이든 각기 고유의 색들을 가지고 있다. 그리고 그 하나하나의 색들은 서로 혼재된 복합적인 형태로 우리들의 눈에 들어오게 된다.

공간디자이너에게 사물의 색채란 하나의 독립된 색으로 인식되는 것이 아니며 또 그렇게 인식해서도 안 될 것이다. 그래서 우리는 주변에서 볼 수 있는 다수의 색들을 종합적으로 인식하고 상호 연관시켜 이해해야 할 필요가 있다.

1) 경관색채의 분류

우리가 접할 수 있는 경관색채는 크게, ①자연계의 색, ② 인공계의 색, ③ 혼합계의 색의 3가지 유형으로 나누어 생각할 수 있다.

그런데 일상에서 우리들의 눈에 들어오는 거의 대부분의 색채는 자연계와 인공계의 색이 상호 공존하는 혼합계의 색채 등이다.

각 유형별 경관색채가 갖는 특성에 대해 살펴보자.

① 자연계의 색채

나무, 산, 물 등 자연에서 찾아볼 수 있는 색채이다.

예) 햇빛, 나뭇잎이나 줄기 등 식물의 색, 동물이나 곤충의 색, 흙, 바다, 물, 하늘, 사람의 피부색 등

② 인공계의 색채

사람이 인공적으로 만들어낸 시설이나 구조물에 사용되는, 즉 인

위적인 조작을 통해 만들어낸 색채를 뜻한다.

예) 시설물, 건축물, 자동차, 도로포장, 인공 조형물의 색 등

③ 혼합계의 색채

자연계의 색과 인공계의 색이 혼합된 형태로 나타나는 색채이다. 생활주변에서 접할 수 있는 대부분의 색채가 혼합계의 색채이다.

예) 잔디광장 주변의 벤치, 파고라, 인공 연못, 가로수와 가로등, 걸어가는 사람들에서 발견되는 색 등

2) 경관에서 색채의 인식

공간디자인에 있어서도 마찬가지이나 특히 주변 환경 전체를 다루어야 하는 경관디자인의 경우, 경관 속에서 색을 인식하기 위해서는 그것들을 둘러싸고 있는 경관 및 환경에 대한 이해가 필요하다.

경관 속에서의 색이 갖는 특성에 대해 생각해보자.

① 자연의 색은 천기, 계절, 시간 등의 상황에 따라 색채가 다르게 인식되는 특성이 있다. 특히 외부환경의 기후조건에 따라 색채가 달라진다.

예를 들면, 호수의 물빛색은 맑고 청명한 날과 흐리거나 비가 오는 날의 경우 확연히 다른 색으로 느껴진다. 하늘이나 산의 색, 수목의 색 등도 계절이나 시간에 따라 변화되므로 인간이 느끼는 자연계의 색채는 조건에 따라 다양한 변화가 있다는 점이 고려되어야 한다.

② 경관에서 색에 대한 인식은 대상의 크기와 형태에 크게 좌우된다.

경관을 구성하고 있는 대상의 크기 즉 면적에 따라 대상의 색이 미치는 영향은 달라진다. 즉 사람들의 눈에 보이는 시각영역에서 차지하는 구성 비율에 따라 색의 영향력이 커지기도 하며 작아지기도 한다. 물론 이때 어떠한 색상인가는 그다지 중요하지 않으며 면적이 주요한 결정인자로 작용하게 된다(그림 47).

단 크기가 같은 경우에는 한색보다는 난색을, 명도나 채도가 높은 색을 먼저 인식하게 된다(그림 48).

그런데 대상의 크기 및 면적이 같은 경우에는 그 대상의 형태가 어떠한가에 따라 인지도에 차이가 생긴다. 일반적으로 평범한 형태 즉 사각형이나 원형 등 익숙한 형태보다는 외형선이 복잡하거나 특이한 형태가 더 빨리 정확하게 인식된다(그림 49). 이 경우에도 주변과의 관계가 주요한 영향을 미치게 된다. 예를 들면 인접 또는 주변과 유사한 형태가 사용된 경우에는 색채에 대한 인지도가 떨어지나, 상이한 형태인 경우에는 관심이 더 집중되게 된다.

그림 47. 색채보다 크기가 먼저 인식

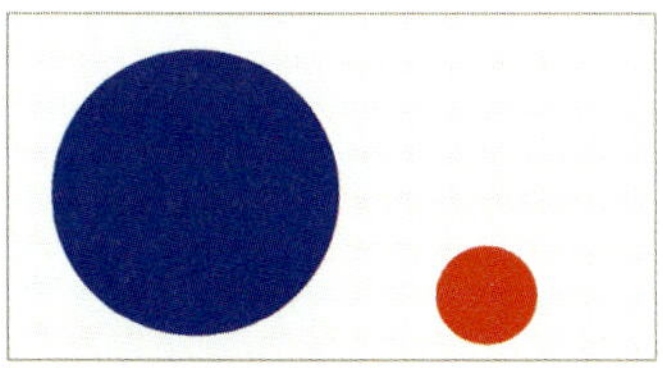

그림 48. 색채가 먼저 인식

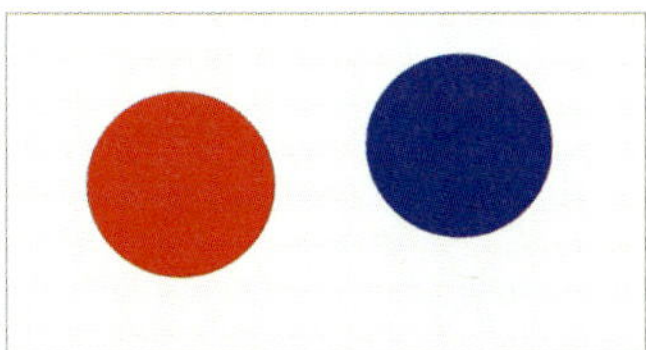

그림 49. 형태가 먼저 인식

③ 경관에서 색채의 인식은 대상이 가지고 있는 색상, 명도, 채도 3속성 모두와 관계되나, 색상보다는 명도와 채도에 큰 영향을 받는다.

따라서 대상의 색채 선정시 명도나 채도의 조정은 고유의 색 자체보다는 주변에 사용되고 있는 색과의 조화 등을 고려하여 결정하도록 한다. 그런 까닭에 명도와 채도의 능숙한 조절작업이 필요하며, 이러한 조정이 가능하다면 색상은 자유롭게 선택해도 무방하다.

농촌지역의 주택에서 자주 사용되는 빨강과 파랑색의 슬레이트 지붕의 색은 그 자체로만 보면 깔끔하고 산뜻한 느낌을 주는 색채임에 틀림없다. 그러나 주변 농촌지역 자연경관의 색채구성과 비교해 볼 때 지붕의 색채는 지나치게 높은 명도와 채도가 사용되고 있어 이질감 및 인공적 느낌이 강한 부조화가 나타나고 있다.

또한 도시지역에서 자주 목격되는 옥상부에 설치된 밝고 선명한 노랑색이나 파랑색의 물탱크 등도 색채사용에 실패한 부조화의 대표적인 사례라 하겠다.

3) 경관의 배색구성

경관에서 배색구성의 디자인은, 대상을 바라보는 거리 그리고 경관구성에서 배색이 어떠한 역할을 담당하고 있느냐에 따라 달라진다.

① 거리에 따른 배색구성

사람들이 대상의 색채를 인지하는 거리에 따라 원경색, 중경색, 근경색, 근접색의 4단계로 구분할 수 있다.

a. 원경색 (Long-Field Color, 遠景色)

원경색이란 대상을 멀리서 바라볼 때 인식되는 색으로, 원래의 색보다 채도나 명도가 낮아져 보이는 특성이 있다. 또 거리에 따라 여러 색이 함께 사용되고 있는 경우에는 그 색들이 서로 섞인 것처럼 혼합색이 되어 보이기도 한다.

b. 중경색 (Middle-Field Color, 中景色)

중경색이란 원경색과 근경색의 중간정도에 해당되는 색이다.

근경색보다는 주변색에 의한 영향이 더 크다고 할 수 있다. 주변색의 속성에 따라 대상 색의 명도, 채도, 색상이 다르게 보이기도 한다. 따라서 주변에서 사용하고 있는 색들과의 조화여부가 색채인식의 주요요소로 작용하게 되는 배색범위이다.

c. 근경색 (Near-Field Color, 近景色)

근경색이란 대상을 가까운 거리에서 볼 때 인식되는 색으로, 대상 전체의 배색구성이 인지되는 거리에서 느낄 수 있는 색이다. 단 인접색들에 영향을 받는다.

d. **근접색** (Adjacent Street Color, 近接色)

근접색에서는 원래의 색이 그대로 느껴지나 대상의 질감까지 인지되는 거리이므로, 소재, 표면상태, 광택 유무 등에 따라 원색과 다르게 느껴지기도 한다.

② 경관 구성요소에 따른 배색구성

대상이 있는 주변 환경 즉 대상을 포함한 경관을 구성하고 있는 색채의 역할에 따라 구분한 것이다. 전문연구자에 따라 관점의 차이가 있기는 하나 주조색, 부조색, 강조색, 배경색 등으로 구분된다.

a. **주조색** (Thema Color, 主調色)

어떤 상황 즉 눈에 보이는 모습에서 그 경관을 지배하고 있는 주체가 되는 색을 주조색이라 한다. 즉 대상 경관을 통합시켜주는 색이다.

도시지역이라면 시가지의 외벽색이 될 것이며, 자연지역이라면 산의 녹색 수림이나 바다의 푸른 물색 등이 이에 해당될 것이다.

b. **부조색** (Sub-Thema Color, 副調色, 補助色)

주조색을 도와 돋보이게 하거나 보조적인 역할을 하는 색이다.

주제가 되는 색에 다소간의 변화와 구획을 지어주는 역할을 하는 색으로, 부조색 자체가 지나치게 강조가 되어서는 안되는 소극적인 역할을 담당하는 색이다.

예를 들면 건축물이 즐비한 도시에서는 가로변에 식재되어 있는 가로수의 색이, 바닷가에서는 바위나 모래의 색 등이 부조색이 된다.

c. **강조색**(Accent Color, Point Color, 强調色, 裝飾色)

경관 속에서 악센트로 작용하며, 주조색과 부조색과의 조화를 위해 또는 주조색를 강조하기 위해 사용되는 색이다. 이 경우 주조색과 동일한 범위의 색을 사용하기도 하고, 역으로 대조 또는 대비되는 색을 의도적으로 사용하기도 한다.

대표적으로는 도시의 랜드마크 성격을 갖는 상징적인 건축물이나 광장의 탑, 조형물, 대규모 교량 등에 사용되는 색이 이에 해당된다. 대상경관의 매력과 흥미를 부여하는 요소에 사용되는 색이다.

또한 강조색의 하나로 장식색(Decoration Color, 裝飾色)을 생각할 수 있다. 장식색이란 악세서리로 사용되는 색으로, 경관의 일시적 또는 부분적으로 변화를 만들어내는 성능을 갖는 색이다. 경관유형에 따라 장식색이 사용되는 경우도 있고 그렇지 않은 경우도 있다. 장식색은 기본적으로 대상경관에 변환을 부여하는 색으로 이동하는 대상과 비고정적인 시설까지 포함하기도 한다.

장식색은 공간뿐 아니라 시간의 변화와도 깊은 관계가 있다.

예를 들면 자동차, 광고, 이동하는 사람들의 옷 색, 네온사인의 빛 등이 만들어내는 색으로, 경관을 구성하는 기본색 즉 주조색, 부조색, 강조색과는 성격과 쓰임이 다른 색의 개념이다.

d. 배경색(Background Color, 背景色)

배경색이란 게슈탈트 심리학에서 다루고 있는 그림과 배경에서 배경에 해당되는 색이다. 주조색과 부조색, 강조색을 돋보이게 하고 각각의 역할을 할 수 있도록 도와주는 기능을 하는 색이다.

4) 경관색채의 검토

경관색채에 영향을 미치는 요인으로는 여러 가지를 생각할 수 있다. 그런데 경관색채를 디자인하기 위해서는 우선 주변 환경 및 경관 구성 요소에 사용되고 있는 색채에 관한 조사가 이루어져야 할 것이다. 그리고 그 자료를 근거로 색채의 선정 및 활용범위 등에 대한 검토가 진행되어야만 한다. 그러므로 경관색채의 선정에 영향을 미치는 중요한 검토사항 즉 체크포인트에 대해 살펴보기로 하자. 뭐니뭐니해도 경관색채를 선정하기 위한 검토요인 중 가장 큰 영향력을 미치는 것은 경관 대상지가 위치한 지역이 될 것이다.

그 외에도 문화, 환경, 역사적 요인 등과, 인간의 시각특성에 의한 경관대상의 면적 및 구성요인까지 매우 다양한 측면에서의 검토가 이루어져야 한다.

① 지역적 요인에 대한 검토

경관색채에 영향을 미치는 지역적 요인은 대상지가 어느 지역에 위치하느냐에 좌우된다. 즉 지리적 조건이 경관색채 디자인에 주요한 요인으로 작용한다. 즉 우리가 생활하면서 디자인을 하게 되는 경관대상지는 지역의 위도에 따라 온도가 달라지며 태양각 역시 달라서 빛을 받는 대상의 색채에도 차이가 나타나게 된다. 그것은 지역고유의 색채를 만들어내고 지역주민들의 생활과 문화 그리고 감각을 발달시키는데도 작용하게 된다.

따라서 경관색채의 디자인에 있어서는 무엇보다도 그 지역의 위치, 기후, 풍토, 지질 등을 정확하게 조사함은 물론이거니와 사계절의 변동 상황 및 기상, 온도, 습도, 풍향 등에 대한 조사와 검토를 시행하여 경관색채의 선정 자료로 활용하여야 한다.

예를 들면 추운 지역에서는 따뜻한 색채를, 더운 지역에서는 시원해 보이는 색을 선호하는 경향이 있다. 따라서 이러한 성향을 경관색채 디자인 작업시 고려해야만 할 것이다. 햇살이 따가운 지역에서 흰색을 많이 사용하는 것 등도 지리적 요인에 근거한 체크포인트이다.

② 역사성과 시간 변화에 대한 검토

현재의 상황은 과거가 집적되어 만들어진 것이며, 또 미래로 이어지는 시간의 연속에 근거한 것이기도 하다. 따라서 경관대상지가 가지고 있는 사회, 경제, 문화, 정치에 대한 역사적 고찰이 필요하다.

구체적으로는 그 지역이 가지고 있는 색채에 대한 기능이나 의미 등에 대한 조사 및 관련연구 등을 검토하여 역사성 및 상징적인 의미를 갖는 색채선정과 적재적소에의 활용이 필요하다.

아울러 역사적으로 대상지에서 사용해서는 안 되는 금기색을 파악하여 사용을 피하는 것도 실패하지 않는 안전한 색채디자인 수법이 된다.

시간에 대해서는 장기적으로 과거, 현재, 미래로 이어지는 개념도 생각할 수 있으나, 단기적인 시간변화 역시 색채디자인에 있어 매우 중요한 요인이 된다. 계절변화 및 주야간의 시간변화 등이 이에 해당된다. 또 기상의 변화에 따라 인지하는 색채의 변화와 해를 거듭하면서 성숙 또는 퇴화 정도에 따라 변해가는 색채 등이 이에 해당된다.

③ 대상의 면적 및 구성에 대한 검토

경관색채에 대한 검토에서는 기존에 어떤 색채가 사용되고 있으며 어느 정도의 면적을 차지하고 있는가 하는 것이 매우 주요하며, 이 자료는 경관색채의 선정시 절대적인 역할을 하게된다. 이 경우 역시 어떤 색상을 선택하느냐 보다는 채도나 명도가 주변 경관 대상들과 어울리는가 등에 대한 조화관계를 검토하는 것이 중요하다. 특히 도입되는 색의 사용량 즉 면적 자체가 큰 경우 그리고 대상 전체에서 차지하는 구성비가 큰 경우라면 색채선정에 더 세심한 배려가 필요하다.

일반적으로 면적이나 구성비가 커지게 되면 동일한 색상이라 하더라도 사람들의 눈에는 명도나 채도가 높은 것처럼 보이는 시각현상 즉 착시현상이 발생한다. 따라서 경관대상의 면적이나 구성비를 고려하여 당초 도입하고자 계획했던 색의 명도나 채도를 조정하는 작업이 이루어져야 한다.

면적이 넓다면 어떤 색을 사용하느냐에 따라 주변에 미치는 영향이 커질 것은 너무도 당연한 사실이므로 색상선정에도 신중한 검토가 필요할 것이다. 또한 선정된 색상의 채도나 명도를 조금 낮추어 최종선정을 하는 것도 경관색채의 검토시 간과해서는 안 될 부분이다. 반대로 색을 사용하는 경관대상의 면적이 좁거나 구성비가 낮다면 주변에 미치는 영향도 줄어들 것이며, 채도나 명도 조정에 대한 리스크도 감소될 수 있다.

그런데 크기란 대상이 갖는 물리적 속성으로 변하지 않는 것이나, 문제는 사람들이 그 대상을 모두 동일한 거리에서 바라보지 않는다는 점에 있다. 즉 대상을 바로 코앞에서 보기도 하고 또 아주 먼 거리에서 보기도 하는 등 다양한 거리에서 대상을 바라보게 된다.

따라서 시점과 대상과의 거리에 따라 대상의 크기가 달라보이게 되므로 이러한 시지각 특성을 고려한 경관색채의 검토도 필요하다(VI장 4절 참조).

5) 경관색채의 디자인

경관색채의 디자인은 단순한 색채디자인과는 사뭇 다르다. 그 이유는 디자이너가 색채디자인을 시작하려고 하는 장소에는 이미 많은 색이 사용되고 있기 때문이다.

따라서 이러한 총체적인 색사용을 전제조건으로, 여기에 새로운 색채디자인이 수행되어야 한다는 어려움이 따르는 작업이다.

경관색채의 디자인은 먼저 계획대상지가 가지고 있는 자연 및 인공적인 색채 모두에 대한 조사에서 시작되어야 한다. 그 후 계획목적과 지역특성, 환경과의 조화, 안전성, 내구성 등을 고려한 결과물로 색채를 선정하고 도입이 이루어져야 한다.

구체적인 경관색채의 디자인 방법과 진행과정에 대해 살펴보자.

① 대상지 조사 및 배색범위의 선정

먼저 대상지에 이미 사용되고 있는 색채를 조사한다. 대상지 및 주변 환경에 대한 색채를 관측하고, 분석하여 배색범위를 정하도록 한다.

이 때 금기색의 존재여부를 확인하여 색채범위에서 배제하는 것도 잊어서는 안 된다.

② 경관색채의 디자인

경관색채의 선정과 디자인은 배색범위를 기준으로 진행한다. 단 색채 선정 시에는 이하와 같은 점을 배려한다.

a. 합목적성과 기능성

대상의 사용목적 및 기능에 적합한 색을 선정하여 색채디자인을 시행한다.

또 눈에 뜨여야 할 대상과 숨겨두고 싶은 대상 등 목적에 맞는 색채를 선택하도록 한다. 통상적으로 사용하고 있거나 사람들이 가지고 있는 이미지의 색이 있으므로 지나치게 거슬리는 것은 좋지 않다.

병원은 흰색이나 연녹색 등을 많이 사용하고 주택은 아이보리, 베이지 색등의 사용이 많다. 식당이나 커피숍 등에서는 식욕을 증가시키고 아늑한 분위기를 내기 위해 난색계통인 벽돌색, 황색, 오렌지색 등을 자주 사용하며, 진한 회색 등은 공장이나 창고를 연상시키는 색이기도 하다.

현대는 개성이 중시되는 시대이기도 하며 물론 목적에 맞는 색이 반드시 정해져 있다고 할 수는 없다. 하지만 핑크색 학교나 법원 등은 시설 본연의 기능마저 의심스럽게 하는 요소로 작용할 수 있으므로 객관성 있는 색채를 선정할 필요가 있다.

b. 지역성

대상지역에 근거를 둔 색채나 소재 등의 활용 역시 필요하다.

지역주민들에게 익숙해져 있는 색 즉 친숙한 색을 사용하여야 편안함과 동시에 지역특성을 살릴 수 있는 색채디자인이 된다.

흙의 색, 강물의 색, 모래의 색 등이 지역성을 활용할 수 있는 색에 해당된다.

c. 환경 조화성

주변 환경의 색채를 관찰하여 조화 및 통합을 이룰 수 있도록 대상의 색채를 디자인 하여야 한다. 아울러 기후적 특성이나 계절 변화에 대한 배려도 이루어져야 하며, 주변의 환경색채 등 배경색에도 주의를 기울여야 한다.

예를 들면 겨울철에 눈이 많이 오는 지역의 경우 또는 태양빛이 따가운 경우나 비가 많이 오는 지역에서의 경관색채의 선정기준은 달라져야 한다는 의미이다.

최근에는 경관 색채 시뮬레이션 등을 통한 환경조화성에 대한 검토가 비교적 용이해졌으므로 적극 활용토록 한다.

d. 안전성

아무리 좋은 배색 일지라도 안전성이 결여되면 부적절한 배색이 된다. 특히 노약자나 고령자 그리고 장애를 가진 사람 등도 안전하게 생활할 수 있도록 색채디자인이 이루어져야 한다. 사인물이나 도로 표시, 위험물 등 주의력과 높은 명시성, 시인성이 요구되는 대상의 경우에는 색채선정에 각별한 배려가 필요하다. 아울러 관련시설이 위치하는 주변과의 관계검토 역시 경관색채 디자인의 주요 포인트가 된다.

예를 들면, 벽돌담 바로 앞에 소화기가 있거나 신호등이 있으면 시인성이 크게 떨어지게 되는 것 등이다.

영국 런던 템즈강의 교량은 어두운 회색을 띄고 있었는데 색이 주는 어두운 이미지로 인해 한때 자살의 명소로 유명해졌었다. 그래서 문제해결을 위해 교량의 색을 밝은 그린 색으로 바꾸게 되었고, 그 후에 자살률이 1/3로 감소되는 효과를 보았다고 한다.

e. 내구성

경관디자인에 사용되는 색채는 일시적인 것이 아니라 장기간 유지관리되어야 한다. 그런 까닭에 재료가 갖는 속성이나 표면상태 등 내구성 등에 따라 색채선정 및 디자인이 달라져야 한다.

게다가 대상의 색채는 햇빛, 바람, 강우 등에 색이 퇴색 또는 변색되기도 하며, 바람이나 먼지, 배기가스의 분진 등으로 오염된 색으로 변하기도 하므로 내구성에 대한 검토와 배려 역시 경관색채 디자인의 필수사항이다.

1) 박현일(2012), 아동미술 용어사전, 이담북스. 참조
2) 국가기술표준 참조. http://www.kats.go.kr/content.do?cmsid=83
3) 국토해양부 자료. http://www.molit.go.kr/portal.do

V

척도와 공간디자인

1. 비례와 디자인

비례(Proportion, 比例)란 물건의 크기나 길이 등에 대한 관계 즉 대소 및 장단의 차이를 가리키는 것으로, 부분과 부분 또는 부분과 전체의 수량적 관계를 의미한다. 쉽게 설명하자면 어떤 형태의 크기나 양을, 다른 형태의 크기나 양과 비교한 상대적인 값이다.

고대 그리스의 수학자 유클리드(Euclid)는 같은 비율을 가진 수학적 크기를 비례라 정의하고 있다. 즉 전체와 부분과의 크기, 형태, 수량 등에 대한 시각적 관계를 살펴보는 것이 비례로, 구체적인 비례관계의 표현은 '○○보다 얼마만큼 크다' 또는 '○○보다 몇 배 많다' 등의 방식을 사용한다.

이때 구체적인 비례 관계의 표현에는 비율(Ratio, Percentage)이라는 단위가 사용된다. 비율이란 다른 것에 대한 수나 양의 비, 즉 둘 이상의 수나 양을 비교하여 그 관계가 서로 몇 배나 되는가를 수치로 나타낸 것이다.

1) 황금비(Golden Proportion, 黃金比)

황금비란 인간이 인식하기에 가장 균형적이고 이상적으로 보이는 비율로 1:1.618의 비례관계를 뜻한다.

황금비는 고대 그리스시대부터 사용되어 왔던 비례법칙으로, 정확히는 선분을 분할하는 경우에 전체와 긴 부분과의 비율이, 긴 부분과 짧은 부분과의 비율과 같아지는 비율이다. 대략 3:5 정도의 비율이며, 이것을 황금분할(Golden Section, 黃金分割)이라 한다.

AB : AC = AC : CB

황금비례가 생겨나게 된 기원을 살펴보자.

고대 그리스의 수학자 피타고라스는 '만물의 근원은 수'라 생각하고 수에 깊은 의미를 부여했다. 그는 정오각형의 각 꼭짓점을 대각선으로 연결하면 내부에 별 모양이 생기고 이 별의 내부에 다시 작은 정오각형이 생기는 것을 찾아내었다(그림 1).

그림 1. 정오각형에서 나타나는 황금비

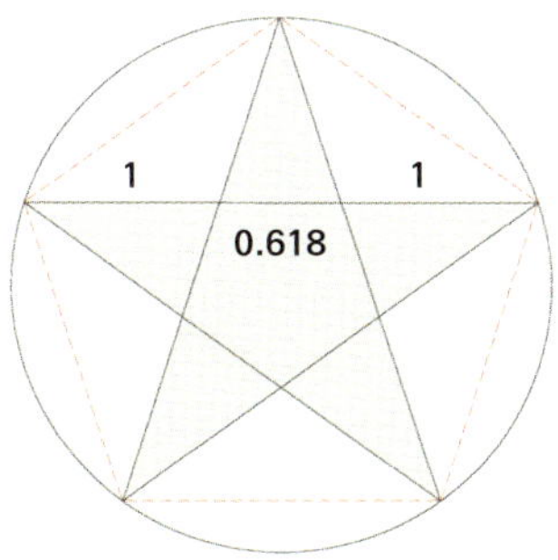

그리고 정오각형 내부의 대각선이 교차하는 비율이 1: 1.618 이라는 것을 발견하였는데 이것이 황금비의 개념이 생겨난 시조라 한다.

그 이후 황금비는 다양한 방법으로 증명되었다. 황금분할을 기하학적 명제로서 제기한 사람은 그리스의 철학자 유클리드(Euclid)로, 기원전 300년경 그의 저서 『원론』에서는 황금비를 '한 선분을 전체 직선과 긴 선분의 비가 긴 선분과 짧은 선분의 비와 같도록 나누는 것'이라 정의하고 있다.

그림 2. 이집트 피라미드에서 나타나는 황금비

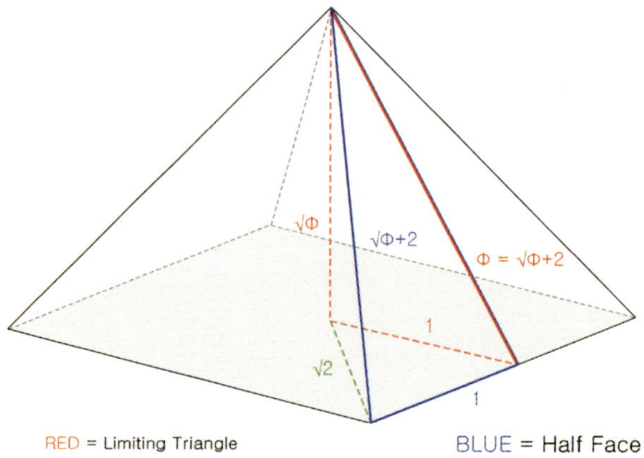

황금비는 기원전 4,700년경에 건설된 이집트 쿠푸왕의 피라미드에서도 사용되었다고 한다. 피라미드 바닥 빌면의 길이는 230.4m, 높이는 146.6m로 비율을 계산해보면 1: 1.618034로 나타난다(그림 2).

고대 그리스인은 그들의 신전과 예술품에서 아름다움과 시각적 질서를 얻기 위해 비례 법칙을 여러 조형물의 디자인에서 체계적으로 적용하고, 사용했다. 고대 그리스의 건조물이나 공예품 등 즉 아테네의 파르테논 신전의 윤곽이나 라오콘 상은 황금비 직사각형에 가깝다.

그 이후 만들어졌던 거의 모든 예술작품과 건축물 등에도 황금비가 숨어있으며, 잘 알려진 노트르담 성당, 로마의 콜로세움, 개선문, 밀로의 비너스 등에서 황금비가 사용되었다. 몬드리안, 피카소, 세잔느 등과 같은 유명화가의 그림 구도에서도 황금비의 적용사례는 찾아낼 수 있다. 황금비는 건축·조각·회화·공예 등에서 널리 활용되고 있으며, 솔방울, 파인애플 열매, 국화의 꽃잎 등 자연 속에서도 발견된다.

르네상스 시대에 건축가와 화가들도 황금비례를 즐겨 사용했다.

르 코르뷔지에(Le Corbusier)는 예술의 형태나 건축 구조물, 조각 등에 황금비례를 적용했는데, 이는 오늘날까지 기본적인 조형원리의 하나로 활용되고 있다.

실제로 조화 및 비례관계에 대한 시험적 시도연구가 있다.

사람들에게 여러 가지 직사각형 모형을 제시하고 그 중에서 가장 안정적으로 느껴지거나 아름답다고 느껴지는 형태를 선택해보라고 하면, 문화, 인종, 성별, 연령에 무관하게 대다수의 사람들은 황금비율을 가진 직사각형을 선택하는 결과가 나타났다고 한다.

이러한 근거로 볼 때 황금비는 사람들이 가장 아름답다고 느끼는 비율이라 할 수 있으며, 그래서 예전부터 건축과 조형물 등 생활주변에서 자주 사용되어져 왔던 것 같다.

고대 그리스의 문화 속에서도 비례관계를 사용한 흔적은 발견된다. 먼저 인체에서 찾아낸 가장 아름답고 조화로운 비례를 살펴보기로 하자.

BC 5세기경 고대 그리스의 조각가 폴리클레이토스(Polycletes)는 인체비례에서 규범을 따서 표준형을 만들었다. 그 기준이 된 것은 올림픽 경기 우승자인 도리포로스(Doryphoros)로 그를 이상적인 남성의 비례 모델로 한 '창을 든 청년'이라는 카논(Canon) 상을 만들게 된다. 이때 사용된 기준은 인간의 머리 크기가 신장의 1/7이 되는 비례로, 가장 아름다운 신체는 7등신이며 이를 폴리클레이토스의 카논이라 칭했다.

카논은 인체의 비례를 7등신으로 표현한 작품으로, 안정적이며 강건한 이미지를 갖는다. 그리고 이것이 그리스 조각이 지켜야 하는

그림 3. 7등신 카논. 도리포로스(Doryphoros. B.C 450-440, 나폴리국립미술관)

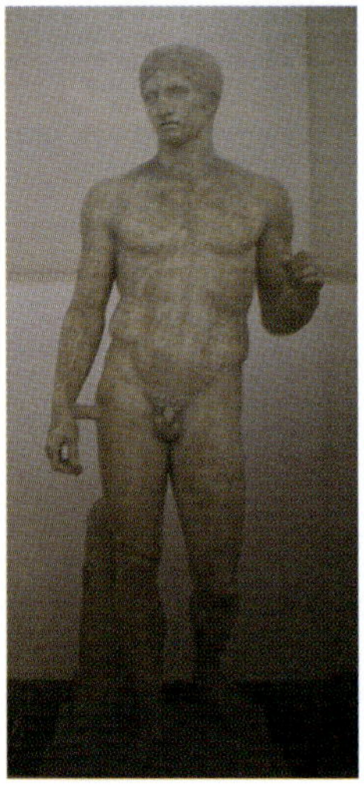

그림 4. 8등신 카논. 아폭시오메노스(Apoxyomenos. BC 330년경 리시포스 원작추정)

미의 규범이 되어 1세기 동안 유지되었다.

그런데 1세기 후 동시대의 대표적 조각가 리시포스(Lysippos)가 폴리크레이토스의 7등신 비례를 8등신으로 바꾸어 표현하게 된다. 이를 아폭시오메노스(Apoxyomenos)라 한다.

리시포스가 제작한 표준형은 머리와 전신의 비가 1:8인 상태로, 사람들은 리시포스의 아폭시오메노스를 보고 놀라울 정도로 길고 가늘고 우아한 조각상에 심취하게 된다. 그 후 8등신은 아름다운 인체 비율로 정착되어 새로운 인체의 표준형을 만들어내게 되는데 이것이 바로 8등신의 카논이다.

여기서 우리는 8등신이라는 카논에 주목할 필요가 있다. 그 이유는 단순히 카논이 8등신 비율자체가 중요한 것이 아니라, 머리에서 배꼽까지의 거리와 신체의 비가 3:5가 되어야 한다는 사실이다. 그리고 3:5:8이라는 정수비는 피보나치 급수로 1: 1.618이라는 황금비의 근사치가 된다. 그런 이유로 8등신 비례의 탄생은 단순한 취향의 변화만을 이야기 하는 것이 아니라, 황금분할 법칙이 내재된 비례개념의 탄생이 이루어진 것이라 보아야 할 것이다.

레오나르도 다빈치는 고대 로마의 건축가 비트루비우스(Marcus Vitruvius)의 『건축 10서』라는 건축지침서를 재해석하여 8등신 이론을 수학적 공식으로 요약한 인체비례도를 작성한다(그림 5). 즉 비트로비우스가 주장한 인체비례와 건축의 상관관계가 과연 맞는 것인지를 확인하기 위해 사람의 몸을 일일이 자로 측정하는 실험을 하여 결과를 얻어냈다.

그림 5. 레오나르도 다빈치의 비트루비우스의 인체비례(Study of Human Proportions According to Vitruvius./da Vinci/c. 1485-1490)

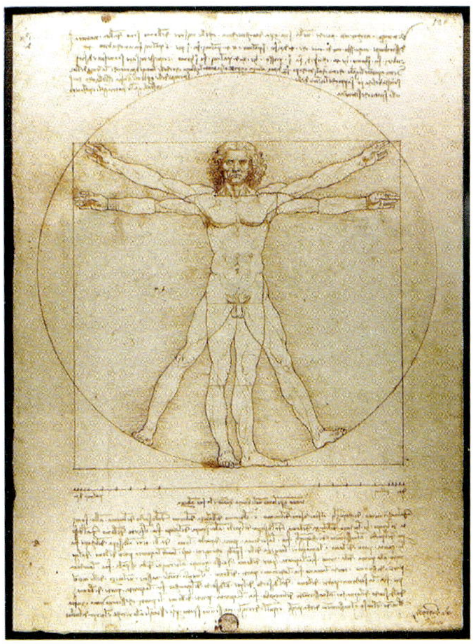

그는 인간의 치수는 그냥 만들어진 것이 아니라 신이 만들어낸 아름다움을 표현하는 수치라 주장했다. 그리고 인체의 중심을 배꼽이라 하고, 이 배꼽을 중심으로 팔을 뻗어 원을 돌리면 두 팔의 손가락 끝과 두 발의 발가락 끝이 원의 형상을 그려내게 된다. 그 비율을 보면 사람의 신체가 정사각형과 원에 정확하게 맞는 모습이 되는데, 이때 각각의 비례를 보면 황금비 1:1.618이 된다. 또 배꼽기준으로 상반신과 하반신 길이, 얼굴 폭과 얼굴 길이, 허리부터 무릎까지와 무릎이하의 길이 비율 등도 황금비에 가깝다는 사실을 밝혀냈다.

그림 6. 밀로의 비너스(Venus de Milo) 루브르 박물관 소장

8등신의 시조라 전해지는 밀로의 비너스(Venus de Milo) 조각상이 있는데 제작년도는 기원전 2세기경으로 추정된다. 비너스상은 현대를 살아가고 있는 사람들에게 신체적인 비례와 균형의 기준이자 아름다움의 상징으로 자리하게 되었고, 그런 이유로 많은 사람들이 8등신이 되고자 노력함에 따라 자연스럽게 8등신이라는 단어가 미의 기준이 된 것이라 생각된다.

미의 원조라 전해지던 비너스상은 1820년 그리스 남동부 키클라데스 제도에 속한 밀로 섬에서 한 농부가 우연한 기회에 파손된 조각상을 발견하면서부터 세상에 공개된다. 하지만 아쉽게도 두 팔이 파손된 상태로 발견되었으며, 현재는 프랑스 루브르박물관에 소장되어 있다.

비례와 균형의 기준이자 아름다움의 상징으로 여겨지는 비너스상은 사람과 미를 관장하는 아프로디테(로마신화의 비너스)를 묘사한 대리석상으로 204cm의 높이를 가진 여인의 누드조각상이다(그림 6).

2) √2 비례(Root Proportion)

사각형의 한 변을 1로 할 때, 긴 변의 길이가 √2 등 무리수가 되는 비례를 √2 비례라 한다. 우리들의 생활 속에서 쉽게 찾아볼 수 있다.

대표적인 예로는 우리가 늘 사용하고 있는 종이의 크기에서 나타나는 비례가 이에 해당된다.

A0의 크기는 841mm×1,189mm이며, 세로와 가로의 비율은 1:1.414(1:√2)이다. 이것을 반으로 나눈 것이 A1으로 594mm×841mm이다. A2는 420mm×594mm, A3는 297mm×420mm, A4는 210mm×297mm 등으로 √2 비례가 일정하게 유지되고 있다.

그림 7. 루트 비례

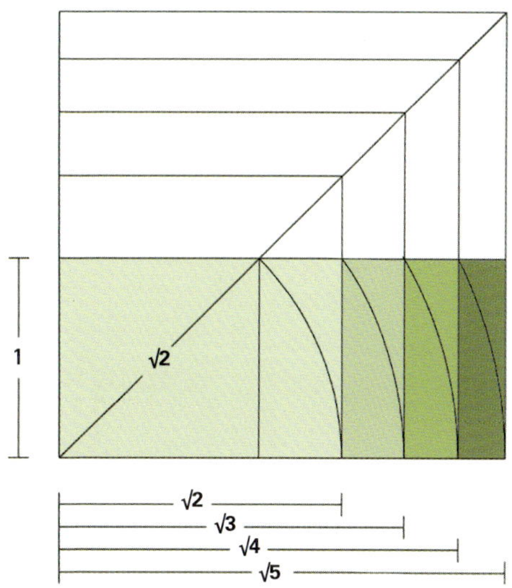

그림 8. 황금비례(上)와 √2 비례(下)

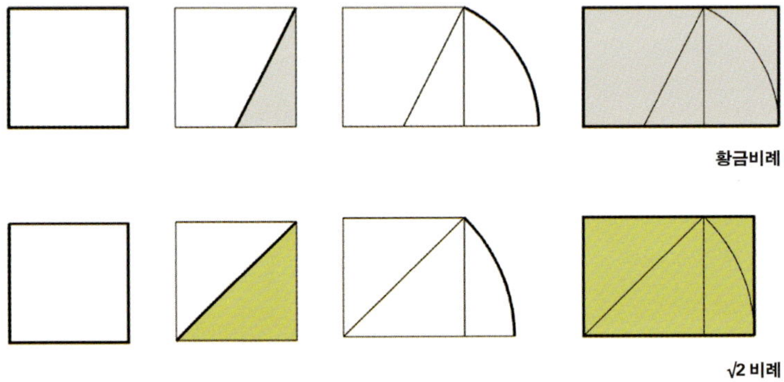

예전부터 아름다운 비율로 인정되고 사용되어 왔던 황금비를 사용하지 않고 √2 비례가 종이크기에 사용되게 된 것은, √2비례는 그 크기를 계속 나누어도 항상 같은 비율이 유지된다는 특성 때문이다. 그런데 황금비의 경우 그것을 반으로 나누게 되면 비율변화가 크게 달라져 사용상 문제가 발생하게 된다.

그러한 이유로 √2 비례는 20세기 이후 종이의 사용량이 늘어나게 되면서 종이의 분할과 활용 그리고 작업에 효율성을 인정받아 새로운 비례방법으로 사용되기 시작했다. 독일을 중심으로 사용되었던 √2 비례는, 종이의 크기와 비례를 표준화하는 과정에서 종이의 손실을 최소화하는 방안으로 선택되어 전세계에서 지금까지 사용되고 있다.

그 외에도 가로와 세로의 비율이 무리수가 되는 √3, √4, √5 비례 등이 있다(그림 7).

3) 피보나치(Fibonacci) 비율

피보나치 수의 연속성에 근거하는 비례로, 1에서 시작하여 바로 앞에 있는 두 수를 더한 값을 다음 순서의 수로 이용하는 비율이다.

예를 들면 1, 1, 2, 3, 5, 8, 13, 21, 34, 55, 89, 144…… 등으로 이어지는 수열로, 12C말 이탈리아의 수학자 레오나르도 피보나치(Fibonacci)가 제안했다.

우리 주변의 자연계에서 자주 발견되는 대부분의 황금비율이 사실상 이 피보나치 수열로 이루어져 있다고 보아도 무방할 정도이다. 솔방울의 나선형이나 소라에서 나타나는 비율, 덩굴식물에서 줄기를 따라 돌아가는 잎과 잎의 간격 그리고 꽃잎의 수 등에서도 피보나치 수가 적용되고 있다.

특히 식물의 꽃잎 수는 종류에 따라 다르기는 하나 잎 수가 3, 5, 8, 13, 21, 34, 55, 89로 이어지는 배열을 갖고 있다. 백합은 3, 채송화는 5, 코스모스는 8, 금잔화는 13, 과꽃과 치커리는 21, 질경이와 데이지는 34, 국화와 쑥부쟁이는 55, 89장 등이다.

그림 9. 조개에서 발견되는 피보나치 비율

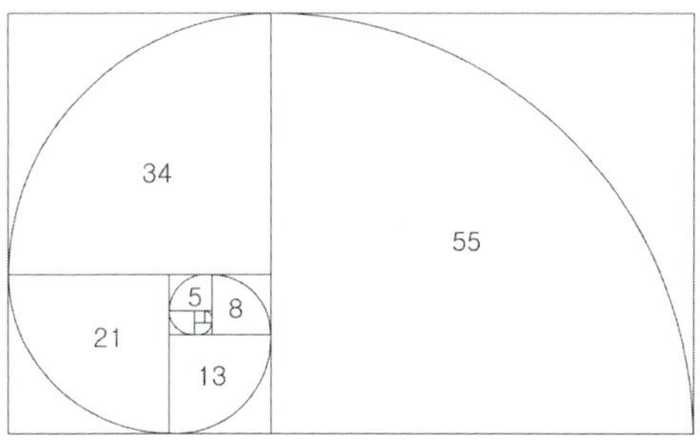

4) 모듈러(Modulor)

모듈러란 '인간의 신장을 기본으로 한 디자인용 인간 척도'로, 르코르뷔지에(Le Corbusier)에 의해 주장되었다.

그의 사상은 그리스의 수학자 피타고라스가 주장한 '인간은 만물의 척도'라는 사고를 기준으로 하고 있는데, 모듈러의 어원을 살펴보면 프랑스어로 '기준 또는 단위'의 의미이다.

모듈러를 고안한 이유는, 절대적 치수는 조화적 비례요소를 내포하고 있지 않으므로 인간이 사용하는 치수를 결정짓는 정확한 도구가 될 수 없다는 점에 비롯된 것이다. 즉 디자인의 모든 것들이 인간이 사용하는 물체인 이상, 사용하는 치수 역시 인간과 밀접한 관련성이 있어야 한다는 개념 하에 기하학적 치수에 인체의 치수를 결합하여 완성시킨 개념이다.

모듈러는 건축과 신체의 연관성에 중시한 인체비례에서 출발한 비례개념으로, 르코르뷔지에는 인체의 치수를 황금비로 분석하여 독자적인 조화척도를 만들어냈다.

구체적인 치수를 살펴보면 공간 크기를 계량하는 기본으로 황금비인 1:1.618을 인간 치수에 적용하여 손을 올린 사람의 치수인 183cm를 기준으로 하고, 배꼽까지의 높이를 113cm로 설정했다. 그리고 그 높이를 2배로 하면 226cm로 인간이 팔을 머리 위로 들어 올린 높이가 된다. 이 때 각 부분의 상호관계는 전체에 대해 1 : 1.618 : 2 의 비례로 분할되는데, 이 비는 배꼽 높이까지의 높이 : 머리끝까지의 높이 : 올린 손끝까지 높이의 비례가 된다.

모듈러가 당초 프랑스에서 만들어질 때는 프랑스 성인 남성의 평균신장인 175cm를 기준으로 배꼽까지의 높이를 108.2cm로 설정했었다(그림 10).

그러나 그 이후 미터법, 피트법, 인치법과의 사용을 통일하기 위하여 영국인의 평균신장 6feet인 182.88cm를 기준높이로 사용하게 되었다(그림 11).

그림 10. 1946년 작성한 모듈러의 초안. 평균신장은 175cm

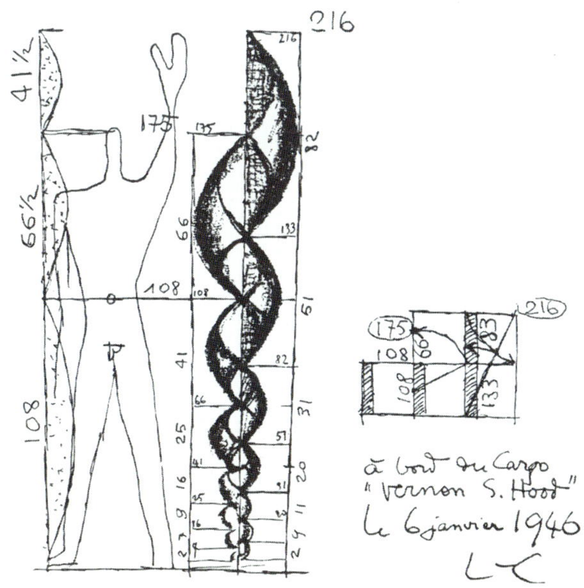

그림 11. 르코르뷔지에의 모듈러(1948년). 평균신장 182.88cm

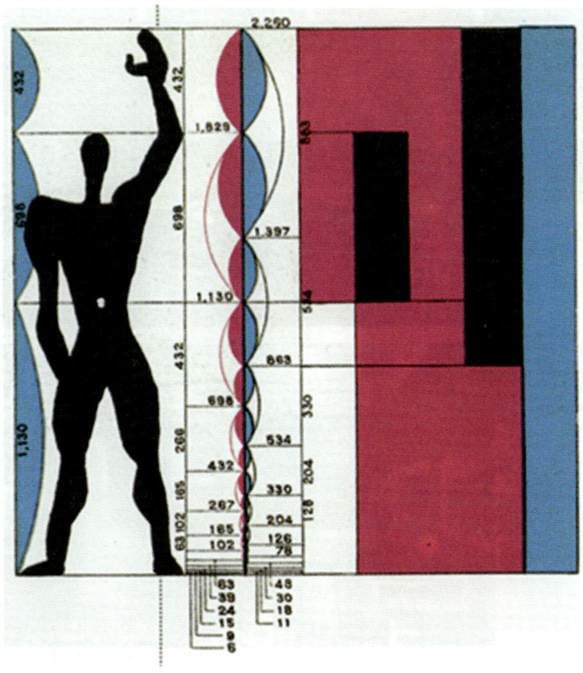

2. 척도와 공간디자인

척도란 '자로 재는 길이의 표준' 또는 '측정하거나 평가하는 기준', 물체 또는 공간의 크기를 다른 대상과의 관계에 의하여 나타내는 개념으로, 시설물을 계획하거나 공간을 디자인하는 경우 중요한 측정 단위로 사용되는 물리적, 객관적 표시방법이다.

통상적으로는 특정한 측정단위를 사용하여 어떤 사물이나 공간의 크기나 용적 등을 측정 또는 평가하는 기준을 척도 또는 스케일이라 한다. 이러한 척도(Scale, Standard, 尺度)에는 절대적 척도와 상대적 척도의 두 가지 유형이 있다.

1) 절대적 척도

절대적 척도란 언제, 어디서, 누가 보던지 동일한 불변의 가치를 지니는 척도로, 자나 도량형기에서 사용되는 크기나 용량 등을 의미한다.

사실 이와 같은 절대적 계량단위는 과거 인간이 혼자 또는 소수의 공동체 집단하에서는 객관적인 기준 즉 절대적 척도라는 것은 필요하지 않았을 것이다. 다만 단순히 어떤 것이 더 긴지, 무엇이 더 무거운지 비교만 할 수 있으면 충분했을 것이다.

그런데 시간이 지나면서 다른 집단과의 교류나 물물교환 등을 할 기회가 늘어나면서 누구나 인정할 수 있는 공평한 기준이라는 것이 필요하게 된다. 즉 여러 사람들과 관계를 맺고 공정하게 상호교류를 수행하기 위해서는 객관적인 측정기준을 마련해야 할 필요가 생겨나게 된 것이다.

초기에는 사물의 길이나 크기를 측정하는 도구로, 자신의 몸이나 팔 길이 등 신체를 이용했다. 그런데 그 역시 교류의 범위가 확대되면서 직접 현장에서 눈으로 보고 확인하는 측정과정이 불가능한 경우도 생겨났으며, 인간의 신체크기 역시 지역과 인종에 따라 달라지므로 다시 곤란한 상황에 직면하게 된다. 그래서 이 문제 해결을 위해 세계 각국이 머리를 맞대고 의견을 모아 정하게 된 절대적 척도기준이 바로 지구의 크기를 기준으로 하여 정한 미터법이다.

① 미터법(Metric System)

미터법은 1875년 채택된 국제 통일단위로 절대적 척도단위이다.

미터법의 효시는 1790년 프랑스 탈레랑(Charles-Maurice de Talleyrand)이 '미래에도 영원히 바뀌지 않을 것을 기준으로 갖는 새로운 단위를 만들자'고 제안한 데에서 시작되었다.

그런데 척도의 표준이 되는 기준마련이 또 문제가 되었다. 많은 궁리 끝에 '어떤 나라의 국민도 자기들이 마음대로 선정한 도량형을 다른 국가의 국민들에게 강요할 권리는 없다'는 인식에 공감하게 되었고, 결국 모든 지구인들이 공유할 수 있는 지구의 자오선을 측정하여 척도의 기준으로 사용하기로 의견을 모으게 된다.

그리고 미터법의 필요성을 최초로 주창한 나라가 프랑스라는 점을 고려하여, 프랑스의 수도 파리를 경유하여 남극과 북극을 잇는 지구의 둘레, 즉 자오선을 측정하고 그것을 4,000만개로 등분한 후 그 하나의 길이를 1m로 정하게 된다. 그리고 1799년 미터법을 척도의 단위로 사용하게 된다.

그 이후 미터법의 우수성과 사용 용이성이 인정되어 1875년에는 17개국이 모여 국제적인 미터 조약을 체결하게 된다.

미터법은 도량형의 국제단위로 그 기본단위를 세계 어느 곳에서도 인정할 수 있는 지구둘레를 사용하고 있으며, 십진법을 채택하고 있다는 점이 가장 큰 장점이다.

길이단위는 미터(m), 질량단위는 킬로그램(kg)을 사용한다.

그러나 미터법은 지구라는 천체를 기준으로 만들어진 척도이다 보니, 실제 사람들의 생활 속으로 파고들지 못하는 척도단위였다. 그 결과 국제적인 기준을 애써 정했음에도 불구하고 세계 각국에서 지금까지 사용해왔던 고유의 척도단위를 그대로 사용하는 경향이 나타난다.

국제화를 주도하고 있는 미국의 경우에도 미터법 사용이 능숙했던 것은 아니었다. 1999년 NASA에서 야심차게 기획한 무인화성 탐사선이 화성에 도착한 직후 폭발해버리는 엄청난 사고가 발생했었다. 그런데 그 원인을 분석해보니 어처구니없게도 단위사용에 대한 착오에서 초래된 것이었다. 탐사선 제작회사는 야드(1 yard=0.914m)를 사용했는데, 탐사선 조종팀은 당연히 미터법(1m)을 사용했을 것이라 착각하였던 것이다. 그래서 탐사선을 예정보다 훨씬 더 낮은 궤도로 진입시키게 되었고 그 때문에 대기와의 마찰열로 그만 폭발해버리고 만 것이다. 그 사건 이후 미국에서는 미터법 사용을 의무화하게 된다.[1)]

② 우리나라의 도량제도

우리나라에서 현대적 의미의 도량제도는 1894년 국제 미터원기와 킬로그램원기를 도입하면서부터 시작되었다. 그 전까지는 전통적 척도 단위인 1자 30.3cm, 1관 3.75kg, 1근 600g 을 사용해왔다(그림 12).

그런데 1902년(고종 2년)에 객관적인 도량 업무를 수행하기 위해 도량형 규칙을 제정하게 된다. 이어서 1905년에는 대한제국 법률 1호로 도량형법이 발포된다. 그러나 실제로 우리나라가 국제미터협약에 가입한 것은 1959년이 되어서이다. 그 후 1961년에는 계량법을 제정하는 등 국제화 추세에 맞추어 법정계량의 기본단위를 미터법으로 정하고, 1964년부터는 본격적으로 시행하게 된다.

정부에서는 1963년부터는 업무·증빙 상의 계량단위로 미터법을 사용하고 보급하기 위해 '미터법 통일운동'을 전개한다.

또 1964년 1월 1일부터는 척관법(尺貫法 : 1척은 0.303m, 1관은 3.75kg) 사용이 금지되고 미터법 사용이 전면 실시됨으로써, 기존의 복잡하고 불편했던 도량단위의 통일이 이루어지게 된다.

이후, 정부는 미터법 사용이 국민들의 일상생활에 조기에 정착될 수 있도록 다양한 계도활동을 전개해 나가게 되는데, '길이를 잴 때에는 미터 자만 사용하자', '바로재고 바로 달자 단골손님 늘어난다' 등 미터법 사용을 장려하는 각종 표어도 등장했다(그림 13).

그림 12. 도량형기 (미터원기와 킬로그램 원기)

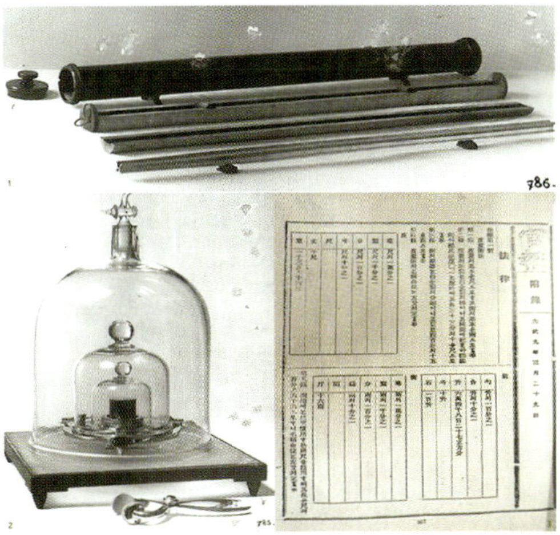

또한 척관법의 불편함과 미터법의 효율성을 홍보하는 문화영화가 상영되기도 했으며, 미터법 홍보 리플릿 및 해설집을 배포하고, 출판물이나 방송프로그램에도 도량단위를 미터법으로 표기해 출간, 방영하기도 했다.

1983년 이후에도 수차례에 걸쳐 건물과 토지 등에 미터법을 사용하지 않으면 벌금을 부과할 것을 정하였으나, 시민반대 등으로 시행되지 못하였다. 이처럼 우리나라에서 미터법은 오랜기간 정착되지 못하고, 혼재되어 사용되다가 2008년에 법으로 의무화가 규정되어 위반시 법적 규제를 가할 수 있게 됨으로써 보급되었다.

현재는 주택의 매매계약서나 아파트 분양공고 등에 m^2를 사용하지 않고 평으로 표기하는 개인이나 기업은 500만 원 이하의 과태료를 징수하도록 규정하고 시행 중에 있다.

그림 13. 미터법 사용을 권장하는 포스터

2) 상대적 척도

상대적 척도란 요소 상호간의 상대적인 크기나 길이의 차이를 나타내는 것이다. 따라서 절대적 척도와 같이 기준이 되는 도구를 사용하여 척도를 측정하는 것이 아니라, 사람의 가치 및 주변 환경에 따라 기준이 좌우되는 척도를 의미한다.

상대적 척도는 초기디자인 단계에서 구성요소 상호간의 관계를 검토하고, 사물이나 공간의 규모나 이미지 등을 결정하는데 매우 주요한 판단기준이 된다. 일반적으로 기준이 되는 측정요소로는 사람이나 자동차 등 상대적 크기의 비교가 용이한 것을 사용한다.

그림 14. 상황에 따라 변하는 상대적 척도(크기감각, 척도감)[2)]

3. 휴먼스케일과 공간디자인

휴먼스케일(Human Scale)이란 인간을 기준으로 한 척도로, 사전에는 인간의 행태와 감각에 맞는 공간 및 도량형(度量衡)의 스케일로 표기되어 있다. 즉 물건 또는 공간의 크기를 인간의 크기와 비교하여 스케일로 표시한 것이 휴먼스케일이다.

반면에 인간의 감각적 크기한계를 넘어선 것을 기념비적인 척도(Monumental Scale)라 부르기도 한다.

피타고라스의 주장에 의하면 '인간은 만물의 척도'라 하면서, 인간은 측정도구를 몸에 지니고 있으므로 인간의 신체를 기준으로 공간을 만들고 측정에 활용하는 것은 당연한 이치라 했다.

우리가 일상에서 접할 수 있는 시설물이나 공간 등은 사용하기에 매우 편리한 크기와 형태로 되어있다. 익숙해져 있는 것들이 많아 당연히 그렇게 만들어져야 하는 것이며 누구나 할 수 있는 작업이라 생각할지 모르겠다. 그러나 일상의 모든 것들은 인간이 관계하고 이용

그림 15. 휴먼스케일이 잘못 적용된 사례[2)]

하는 것이기 때문에 이미 디자인 과정에서 휴먼스케일에 대한 세심한 배려와 적용이 이루어진 것들이다.

간혹 왜 그런지 이유는 잘 모르겠지만 뭔가 불편하다거나 어딘가 조금 부족하거나 남아도는 것 같다면 이는 휴먼스케일과는 동떨어진 척도가 사용되었기 때문일 가능성이 높다. 이처럼 휴먼스케일은 우리 주변에 이미 깊숙하게 들어와 있는 인간 중심의 척도라 하겠다.

일상에서 활용되고 있는 휴먼스케일에는, 거리에 대한 휴먼스케일, 길이에 대한 휴먼스케일, 면적에 대한 휴먼스케일, 무게 및 면적에 대한 휴먼스케일, 시간에 대한 휴먼스케일 등을 생각할 수 있다.

1) 거리에 대한 휴먼스케일

스타디온(Stadion)이란 그리스에서 사용했던 거리단위로, 경기장을 의미하는 스타디움(Stadium)의 어원이 된 용어이다. 1스타디온이란 약 192m(191. 27m)에 해당하는 거리이다. 이는 사막에서 태양이 보이기 시작할 때부터 지면에서 떠오르게 되기까지의 시간이 2분정도 걸리는데, 이 시간동안 사람이 이동하는 거리를 의미한다.

당시 그리스 인들의 보행보폭은 현대인들의 평균 보폭보다 다소 컸었던 것 같다. 또 전설에 의하면 1스타디온의 거리는 제우스신의 600보에 해당되는 것이라고도 전해진다. 어떻든 스타디온이란 거리단위를 기준으로 기원전 450년경 올림피아의 스타디움에서 열렸던 달리기 코스의 길이는 192m로 정해졌다. 결국 과거의 스타디움이란 1스타디온을 기준으로 하는 크기를 가진 경기장을 뜻하는 것이었다.

그 외에 우리나라에서 사용되었던 거리단위로 리(里)라는 것이 있다. 1리는 393m(392.7m로 약 0.4km), 10리는 약 4km를 의미한다.

또 30리를 1식(息) 또는 1참(站)이라고 하는데 이것은 잠시 멈추어 휴식을 취해야 하는 거리라는 의미의 단위로, 미터법으로 환산하면 약 12km에 해당된다.

이번에는 조금 더 상세하게 인간의 걸음거리나 소요시간에 대해 생각해보자.

인간의 보행보폭을 계산할 때 통상적으로 1보를 62.5cm로 보는데, 이를 근거로 계산하면 1분간 걸을 수 있는 평균적인 보행거리는 80m가 된다. 그렇다면 10분간 800m 이동이 가능하다는 이야기가 된다.

이러한 수치를 기억해둔다면 우리가 어떤 장소에서 장소로 이동할 때 소요되는 시간으로 거리계산이 가능할 것이다. 역으로 시설과 시설 사이의 이동거리를 계산해 이용공간의 규모를 정하는등 인간중심의 동선계획 수립에 활용할 수 있을 것이다.

서양에서 사용되는 휴먼스케일의 거리단위에 대해서도 살펴보자.

거리측정에 사용되는 기준으로 1마일(Mile)이라는 것이 있으며, 이것을 미터법으로 환산하면 1,609.3m가 된다.

그 상위단위로 쓰이는 1리그(League)는 3마일에 해당되며, 인간이 1시간에 걷는 보행거리로 사용되고 있다. 1리그는 미터법으로 보면 4,827m가 되는데, 이는 앞서 살펴본 표준보행거리 10분에 800m를 적용해 계산한 4,800m와 거의 일치하는 결과가 나온다. 인종이나 나라에 따라 사람의 평균신장은 다르나 휴먼스케일의 기본적인 틀은 공유되고 있는 것이라 생각된다.

2) 길이에 대한 휴먼스케일

길이에 대한 휴먼스케일을 논할 때 자주 언급되는 단위로 큐빗(Cubit)이라는 것이 있다. 큐빗이란 기원전 6,000년 이집트, 바빌로니아, 메소포타미아에서 사용되었다고 한다.

상형문자에 나타난 기록을 보면 1큐빗은 팔꿈치에서 가운데 손가락 끝까지의 길이를 의미하는 것으로 시대와 지역에 따라 약간의 차이가 있으나 17~21인치(Inch) 정도로, 미터법으로는 43-53cm 전후에 해당되는 크기이다.

또 이 큐빗이란 단위는 성경에서도 자주 언급되는 단위이다. 구약성서에 사람들과 동물을 살아남기기 위하여 만든 방주의 크기는 길이 300큐빗, 폭 50큐빗, 높이 30큐빗이라 나타나있다. 즉 노아의 방주는 길이 150m, 폭 25m, 높이 15m로, 현대의 선박규모로 계산하면 2만 톤 규모의 대형화물선에 해당되는 수준이다.

길이에 대한 휴먼스케일 역시 사용하는 단위는 동서양이 각각 피트(Feet)와 자(尺, 척)로 표기방식은 서로 달랐으나, 척도기준을 인간신체에 둔다는 관점은 동일했다.

서양에서 사용하는 피트란 발뒤꿈치에서 발톱 끝까지의 길이 또는 인간이 수직 의자에 오를 경우 편안하게 오를 수 있는 발판의 간격 기준에 해당되는 길이이다. 현재는 30.48cm를 기준으로 사용하고 있다. 물론 신체를 기준으로 길이를 측정하다보니 국가나 인종에 따라 차이가 나타나는데, 노르웨이, 덴마크, 러시아에서 통용되는 1feet는 31.4cm, 영국에서는 30.5cm를 1feet로 사용하고 있다.

동양에서의 자 또는 척은 손목에서 팔꿈치까지의 길이를 의미하며, 시대에 따라 조금씩의 길이 변화는 있어왔다. 우리나라에서 길이단위로 자(척)를 사용한 것은 삼국시대의 기록에서부터 나타나고 있다. 과거 기록들을 보면 부여의 당대척은 29.7cm, 고구려척은 35.6cm였으며, 고려시대에는 31.0cm가 사용되는 등 지속적으로 변화되어왔다.

현재는 한국과 중국, 일본 등에서 동일한 30.3cm를 1자로 사용하고 있다. 그리고 자보다 큰 단위로 1간(間)이라는 길이단위가 있다. 1간은 6자, 약 1.8m에 해당되는 길이단위이다.

그 외에 1정(町, 60간, 109m)과 1리(里, 3.6정, 392m)가 있다.

또 서양의 길이단위로 야드(Yard)가 있다. 1야드는 3ft로 91.44cm에 해당된다. 그런데 이 야드는 길이단위이기는 하나 인간의 힘·노동에 근거한 척도단위이기도 하다. 일례로 1로드(Rod, 5.5yard, 16.5ft)는 건축에서 가장 경제적인 보의 길이를 나타내며, 복잡한 사무를 행하는 가장 합리적인 방의 크기와 일치하는 것으로 나타난다. 표준프레임이나 레저보트의 크기 등과 일상 속에서도 16.5ft에 해당하는 5m 길이가 자주 사용되고 있는 것을 알 수 있는데, 이러한 점이 야드가 힘에 근거한 휴먼스케일이라는 것을 확인할 수 있는 사실이다.

서양의 야드와 유사한 길이단위로 동양에서는 마(碼)라는 단위가 쓰인다. 1 마는 3자로 90.9cm에 해당된다. 이와 같이 서양의 야드와 동양의 마라는 휴먼스케일에 기초한 단위는 유사성을 갖으며 인간의 효율적인 작업과도 연관되는 길이단위이다.

실제로 약 90cm에 해당하는 마(90.9cm)나 야드(91.4cm)를 사용한 공간과 미터법을 이용한 공간을 비교해보면 미터법(1m = 100cm)에서 계획된 길이가 10% 정도 커서, 실제 작업 또는 공간 이용시 피로도가 증가하는 부작용이 나타나기도 한다.

3) 면적에 대한 휴먼스케일

그림 16. 한평의 크기와 면적

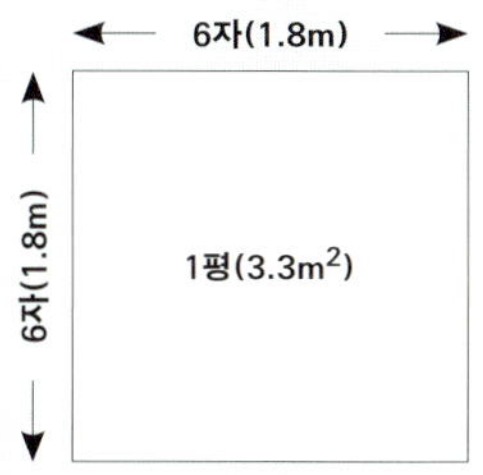

면적을 계산하는 국제공통 단위로는 제곱미터(m^2)가 쓰인다.

그런데 실제 우리들이 면적에 대해 생각할 때 늘 사용해왔던 것은 평(坪)이라는 단위이다. 평이란 넓이의 단위로 3.3제곱미터이다. 이렇게 복잡한 소수점 자리까지의 면적기준을 사용하는 것은 사람들의 신체와 깊은 관련이 있는 휴먼스케일이기 때문이다.

사람이 누울 수 있는 공간의 길이는 6자 1.82m 정도가 된다. 그리고 이것을 기준이 되는 크기로 생각할 때, 인간이 사용할 수 있는 면적의 최소단위는 6자(1.82m)×6자(1.82m)=3.3제곱미터(m^2)인 1평이 된다(그림 16).

우리나라에서 예로부터 농민들이 사용하던 면적단위로 마지기란 것이 있다. 마지기란 논과 밭에 한말의 씨를 뿌리는데 적합한 토지의 면적을 뜻한다. 1 마지기의 실제면적은 지방이나 토지환경 즉 평지인가 산지인가에 따라 다르다. 대체로 논은 150~300평을, 밭의 경우에는 100~400평을 한 마지기라 한다. 이처럼 마지기란 매우 애매한 척도단위이기는 하나 실제 생활에서는 합리적인 단위라는 점이 놀랍다. 또 1 정보는 3,000평으로 약 9,917.4m^2에 해당한다.

미국과 영국 등에서는 토지면적을 측정할 때 에이커(Acre)라는 단위를 사용한다. 1 에이커는 4,047m^2의 면적으로 약 40ha 1,224평에 해당한다. 소를 방목하는 국가에서 1 에이커는 소가 하루에 뜯어먹는 목초지의 넓이이며, 곡식을 재배하는 나라에서는 2마리의 소로 밭을 갈 때 하루에 경작할 수 있는 밭의 넓이라는 각기 다른 기준이 적용되고 있다는 사실이 흥미롭다.

4) 무게 및 체적에 대한 휴먼스케일

무게에 대한 휴먼스케일의 단위로는 근(斤), 관(貫), 돈(錢), 냥과 같은 것들이 있다.

한 근은 고기나 한약재 등을 측정할 때 사용하는 단위로, 미터법으로는 600g에 해당된다. 그러나 채소나 과일의 무게를 잴 때는 척도단위의 무게가 달라져 한 근이 375g이다.

금(Gold)의 양을 측정하는 척도단위로는 돈(錢)을 사용하며, 1돈은 3.75g에 해당된다. 1돈의 10배가 1냥으로 37.5g, 1,000배가 1관(貫)으로 3.75kg이다.

우리가 정육점에서 고기를 살 때 몇 그램(Gram)으로 구입하기 보다는 1근, 2근으로 구입하는 것이 일반적이다. 물론 최근에는 국제통일단위인 그램을 사용하는 경우가 늘어났으며, 이미 포장된 제품으로 나오는 경우에는 그램이나 킬로그램 단위로 포장되어 통용되고 있다.

체적, 부피에 대한 휴먼스케일의 단위로는 홉(合)이 있으며, 1홉은 180ml(180cc)이다. 1홉은 목마른 사람이 단숨에 마시기에 적합한 분량을 의미한다. 이 홉이라는 단위는 우리들의 생활에 밀착되어 있는 체적단위로, 우유나 캔 커피 등의 용량을 보면 대다수가 한 홉인 180ml가 사용되고 있는 것을 알 수 있다.

최근 미터법 사용이 법제화되어 널리 보급되면서 200ml 용량의 제품도 나오고 있다. 그런데 이 용량의 음료를 직접 마셔보면 한 번에 마시기에는 다소 많은 것 같은, 즉 조금 남는다는 것을 느낄 수 있을 것이다. 또 술 등의 포장용기도 2홉은 기준으로 360ml 라는 용량이 사용되고 있는 등 휴먼스케일의 단위가 이미 적용되고 있다는 사실을 확인할 수 있다. 한 되는 10홉으로 1.8L, 한 말은 10되로 18L이다.

또 갤런(Gallon)이란 체적단위는 한 팔로 들어서 쉽게 운반할 수 있는 무게를 기준으로 한 것으로, 약 2되인 3.78L에 해당된다.

갤런이란 단위 역시 일상에서 쉽게 경험할 수 있다. 실제 우리가 사용하는 큰 저장용기 또는 큰 생수통 등에서는 3.6L의 용량이 사용되는데, 이는 비교적 운반이 용이한 편이다.

그런데 최근 미터법을 적용하여 만들어낸 4L 크기의 제품 용기와 휴먼스케일이 적용된 1갤런을 비교해보면 비록 0.4L에 불과한 차이이기는 하나 실제 이용에서는 많은 차이가 느껴진다. 즉 그것을 한손으로 옮기려면 무게감이 느껴지면서 다소 부담이 되는 것을 경험할 수 있다. 휴먼스케일의 중요성을 확인할 수 있는 부분이다.

이상과 같이 휴먼스케일이 적용된 척도단위는 국제표준규약에서 정한 척도단위와는 다르다. 전 세계에서 모두가 함께 사용할 수 있는 객관적인 기준척도를 정했음에도 불구하고 그와 다른 척도를 사용하고 있는 이유는 지구라는 천체를 기준으로 정한 미터법이 사람들의 실생활과 맞지 않는 부분이 있어서 일 것이다. 단위를 통일하고자 보급과 사용에 오랜 기간 노력해왔으며 미터법이 공평하고 명확한 척도이기는 하나 분야에 따라 전격적으로 도입하기에는 다소 한계가 있어 보인다.

특히 공간디자인에서 다루어야 하는 스케일은 인간의 신체와 행태에 근거를 두어야 하는 것이기에 휴먼스케일에 대한 이해와 적용은 필수적인 지침사항이 되어야 할 것이다.

5) 시간에 대한 휴먼스케일

해가 뜨고 지는 천체현상을 기준으로 한 하루라는 시간, 즉 1일은 우주단위로 사실상 휴먼스케일과는 무관한 개념이다.

다만 하루를 24시간으로 나누고, 또 오전과 오후를 각각 12시간으로 구분하는 것은 인간들의 행동패턴에 근거한 단위이다. 한 시간을 60분으로 나누는 것 역시 인간들이 요구에 따라 하루를 시, 분으로 나누어 휴먼스케일과의 관련성을 만들어낸 것이라 하겠다.

시간별 척도단위의 활용을 살펴보면 다음과 같다.

- 1시간 : 노동의 최소단위로 작업이나 수업 등의 최소단위
- 2시간 : 피로를 느끼지 않고 연구 및 특수기술에 집중 가능한 한계
- 3시간 : 위가 연료공급을 요구하는 시간. 육체노동을 하는 농민 및 작업자들이 새참을 먹는 시간 간격
- 4시간 : 인간이 자유롭게 돌아다니며 감시감독이 가능한 한계시간
- 6시간 : 오전, 오후, 저녁, 밤의 분할 시점. 인간행동을 구분하는 단위
- 8시간 : 1일의 중요한 생활리듬단위
  8시간 노동, 8시간 수면, 8시간 휴식 등

---

1) 한국표준과학연구원 자료 인용

2) 김재식(1991), 조경설계의 접근방법, 도서출판 국제, p.48, p.90에서 인용 後 재작성

인용 및 참고문헌

강대석, 1990, 미학의 기초와 그 이론의 변천, 서광사

김재식, 1991, 조경설계의 접근방법, 도서출판국제

김지원 역, 2007, 예술과 미학, 종문화사

김철수 · 김수봉 · 공성훈, 2013, 공간의 이해, 계명대학교 출판부

김학성, 2001, 디자인을 위한 색채, 조형사

동정근, 1993, 조형구성심리, 태림문화사

박보신 · 이시영 역, 2008, 랜드스케이프 디자인(Landscape Design-Basic Study, Yoji Sasaki et al), 도서출판 조경

박현일, 2012, 아동미술 용어사전, 이담북스

박현일 · 김창언 · 권선국, 2011, 색채학 강의, 도서출판 서우

배현미 · 김종하 역, 2010, 경관분석과 경관계획, 내하출판사

백기수, 1989, 미학, 서울대학교 출판부

서정혁 역, 2012, 미학 강의(Asthetik oder Die Philosophie der Kunst, Georg Hegel), 지식을 만드는 지식

서주환, 1994, 경관색채학, 명보문화사

성기택, 1988, 조경미학, 학문사

신태양, 2001, 공간의 이해와 인간공학, 도서출판 국제

안병의 · 김광문 역, 1979, 디자인이란 무엇인가(What is Design?, Paul Jacques Grillo), 형제사

오주석, 2017, 한국의 미, 푸른역사

원유홍 · 서승연 · 송명민, 2016, 디자인 문법, 안그라픽스

유길중 역, 1987, 황금분할, 기문당

이 건 외 역, 1987, 황금분할의 미학, 기문당

이석현, 2008, 경관색채의 이론과 실천, 도서출판 미세움

이현호 역, 1990, 바우하우스로부터 오늘의 건축으로(From Bauhaus to Our House, Tom Wolfe), 태림문화사

이현택, 1997, 조경미학, 태림문화사

장준호 역, 1981, 환경색채디자인(日本 Color Planning Center 편), 도서출판 국제
장태현, 1998, 조경제도 · 표현 I, 도서출판 조경
정호운 역, 2018, 처음 시작하는 미학 공부(今天美學了沒, 허루이린), 오아시스
조경설계연구소 역, 1997, 조경설계론, 배명사
조동범 역, 2008, 조경설계의 기본요소(Basic Elements of Landscape Architectural Design, Norman K. Booth), 대하출판사
조정송, 2006, Land 조경 · 미학 · 디자인, 도서출판 조경
진경돈 · 박미나 역, 2012, 황금분할, SPACETIME
진중권, 2001, 미학 오디세이 1, 현실과 과학
한국디자인학회, 2015, 기초디자인 교과서, 안그라픽스
황세옥 편저, 1999, 공간계획과 인간공학, 태학원
Le Corbusier, 1986, Towards a New Architecture, Dover Publications, London
K. C. Bloomer · C. W. Moore, 1977, Body · Memory, and Architecture, Yale University Press
Vitruvius, 1999, Ten Books on Architecture, Cambrige University Press, Cambridge
江山 正美, 1978, Scape Texture, 鹿島出版會

http://encykorea.aks.ac.kr
http://www.kats.go.kr/content.do?cmsid=83
http://www.molit.go.kr/portal.do
http://www.kriss.re.kr/index.do

찾아보기